Beyond Fragrance: The Powerful Applications of Terpene Synthases

Jacob

First Printing, 2024

[illegible]

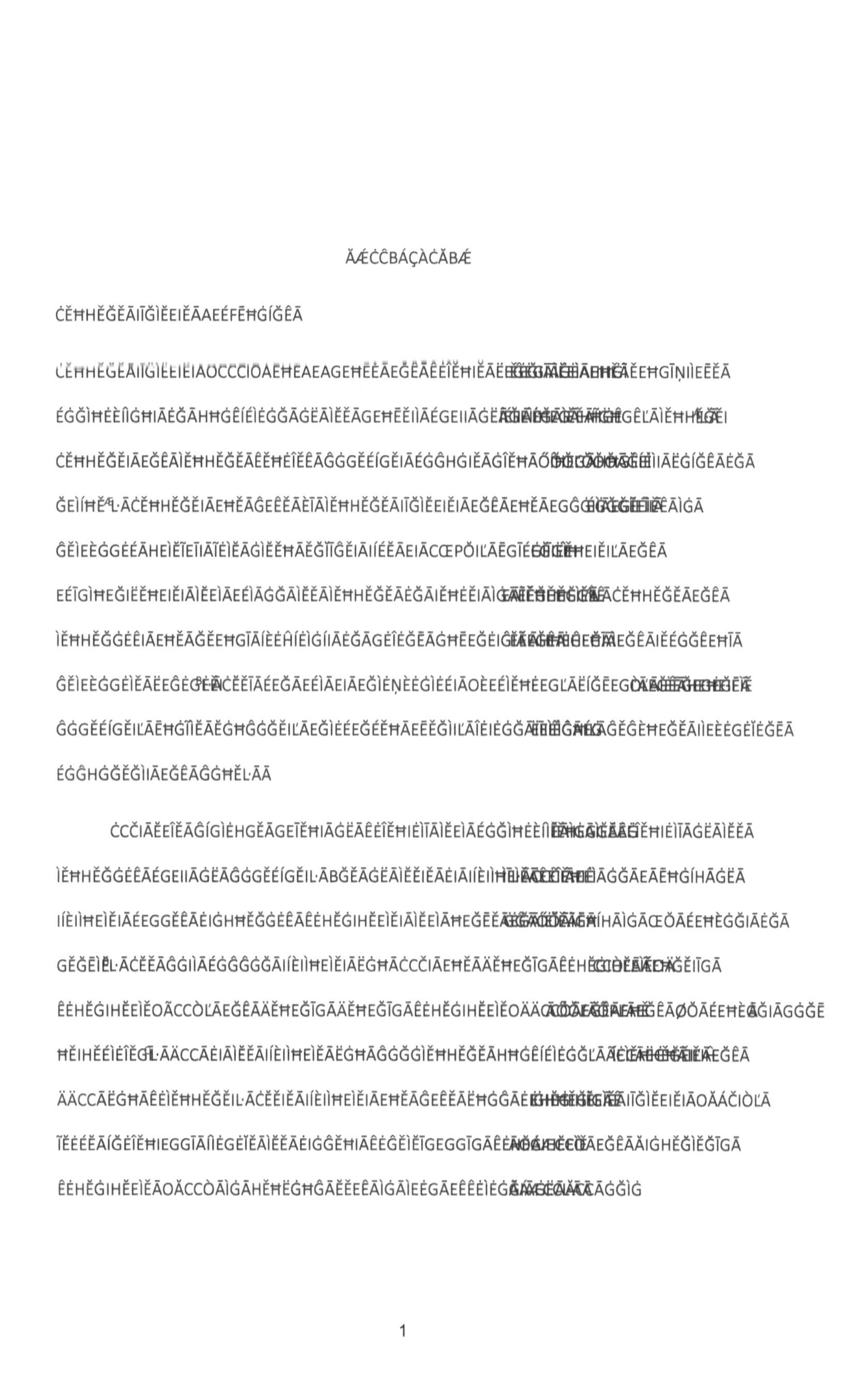

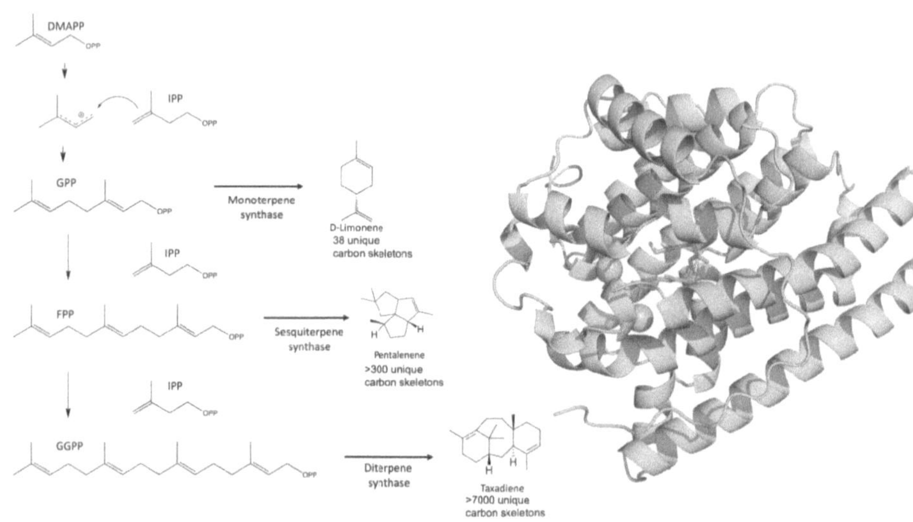

Intro Figure 1. diagram for substrate synthesis and model of the isoprenoid fold.
Left: diagram showing how DMAPP and IPP are combined to produce substrates for TPSs. Right: structure of the isoprenoid fold, the universal fold for both TPSs and IDSs such as GPP, FPP, and GGPP synthases.

Intro Figure 2. diagram showing Markovnikov and anti-Markonvikov cyclizations in sesquiterpene synthases.

[illegible]

[illegible] *Plant Sci* **10** [illegible]

[illegible] *Chapman and Hall* **39** [illegible]

[illegible] *Comput Struct Biotechnol J* **19** [illegible]

[illegible] *Chem Rev* **117** [illegible]

[illegible] *PNAS* **117** [illegible]

[illegible] *Chem B* **126** [illegible]

[illegible] *Endocrinol* **68** [illegible]

[illegible] **78** [illegible]

[illegible] *Biol* **12** [illegible]

[illegible] *Sci Rep* **5** [illegible]

[illegible] *Microbiol* **15** [illegible]

[illegible] *Curr Opin Chem Biol* **16** [illegible]

[illegible] *Sci Rep* [illegible]

[illegible] *Angewandte Chemie International Edition in English* **29** [illegible]

[illegible] *Curr Opin Chem Biol* **47** [illegible]

[illegible] *Angew Chem Int Ed Engl* **43** [illegible]

[illegible] *Phytochemistry* **158** [illegible]

[illegible] *Acc Chem Res* **48** [illegible]

[illegible] *Proc Natl Acad Sci U S A* **113** [illegible]

BMC Evol Biol **4**

225

Opin Genet Dev **35**

Curr Opin Struct Biol **20**

Acad. Sci. **71**

J Hered **100**

Biol Sci **256**

PNAS **104**

the Genetics Society of America **151**

Annu Rev Biochem **79**

PNAS **103**

Mol Biol Evol **25**

bioRxiv **preprint**

Biochemistry **57**

Protein Sci **25**

Nat Chem Biol **14**

25

Annu Rev Biophys **46**

Mol Cell **61**

J Mol Biol **104**

ACS Catalysis **6**

J Am Chem Soc **143**

ŐŎĶ ÄĚĠÊĦĘGIĚJĀÆĶĄĶJĀAĖEĦHĚĠÌĘĚĦJĀÃĶJĀÆĢĦÊĜĘĠĚJĀÁ[illegible]ĚĠĚĀÉĪÉĜEIĚIĀIĖĢĪ
ĘĠÉĦĚEIĚÊĀÌĖĚĦĞĢIÌEÈĘĜĘÌĪĀEĠÊĀIÍÈIÌĦEÌĚĀEÉÉĚHÌ[illegible]**285**JĀŐØØÕĽŐØŒŎĀŁŌÕÖPL·Ķ

ÀĚEHÌĚĦĀŐĀ

*Ex uno multis*ĀŁĀÇĞÊĚĦIÌEĞÊĖĞĒĀÌĚĚĀĚÎĠGÎIĖĠĞEĦĪĀÊĖÎĚĦĒĚĞÉĚĀĠËĀÌĚĦĚĀĦIĚĀĀĦIĚĀĦIĚEĦĚĞĚĀ

IĪĞÌĚEIĚIĀÍIĖĞĒĀČĈĀ

AĦEĞÊĠĞĀĐĿĀAGEÉFĽĀĈEĜEIEĜĪĀCĿĀÅÍĜEĦĽĀÁĠÍĒGEIĀĄĿĀĊĚĚĠĚĚĠĚĽĀĀĆĀĀĀĦĖEĞ

[illegible]

[illegible] *Streptomyces UC5319* [illegible]

[illegible] *Streptomyces griseus* [illegible]

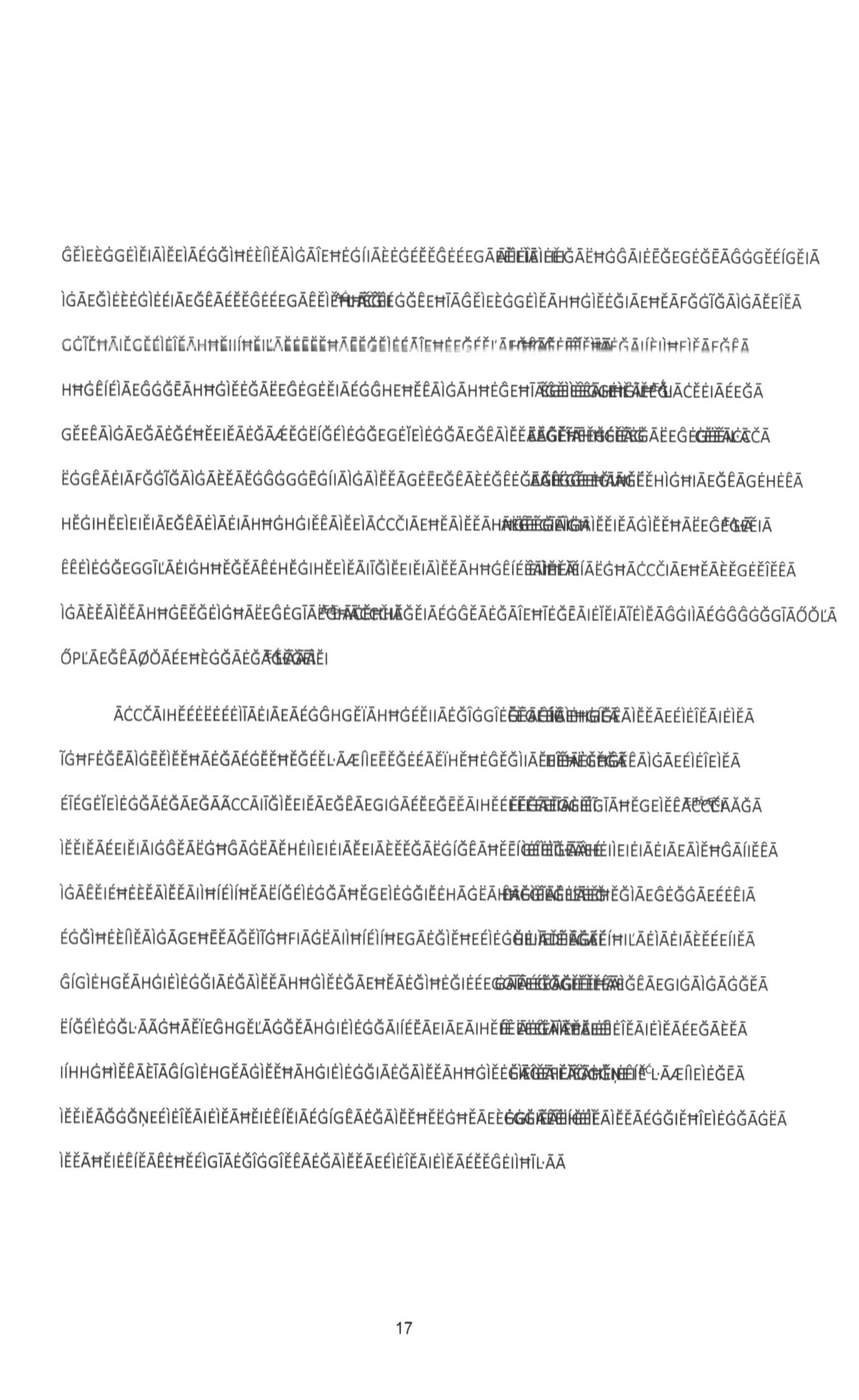

Ancestral sequence reconstruction

IQTREE2 – Approximate Bayesian inference tree

O+G4 -abayes -asr

Baliphy – full Bayesian phylogenetic inference

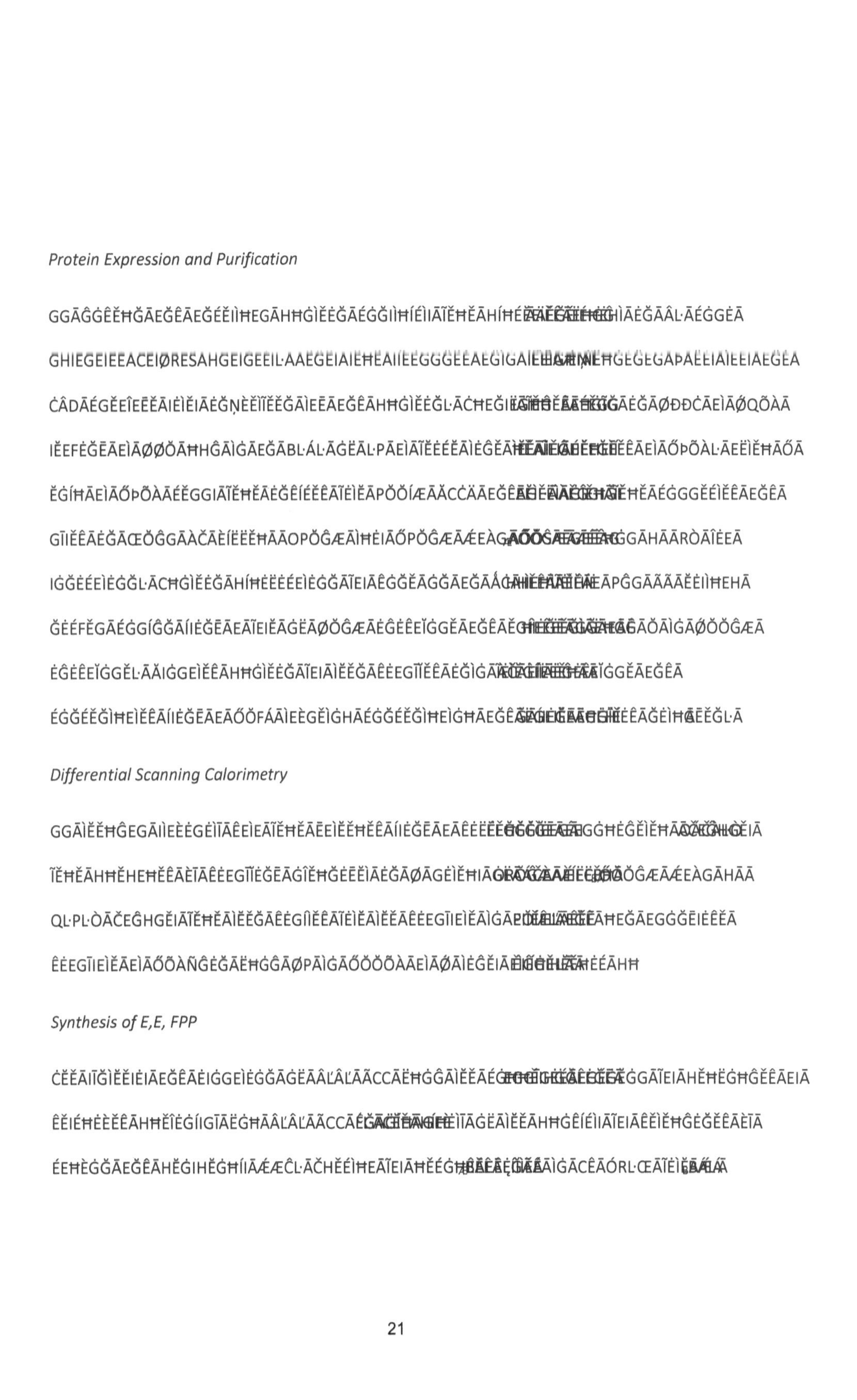

Protein Expression and Purification

Differential Scanning Calorimetry

Synthesis of E,E, FPP

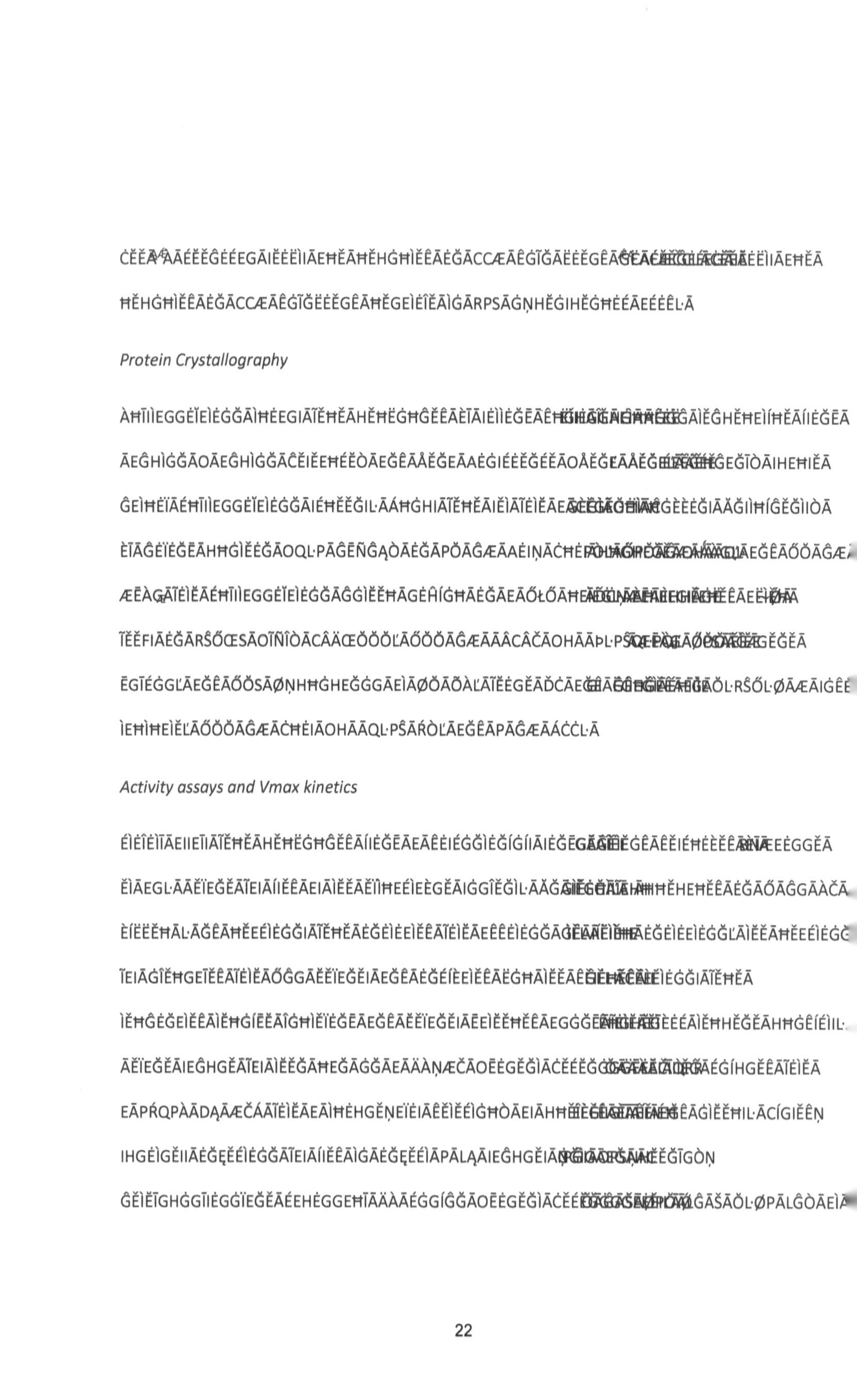

[illegible]

Protein Crystallography

[illegible]

Activity assays and Vmax kinetics

[illegible]

Indole prenylation assays

Streptomyces

Pentalenene synthase exhibits reverse evolutionary trajectory

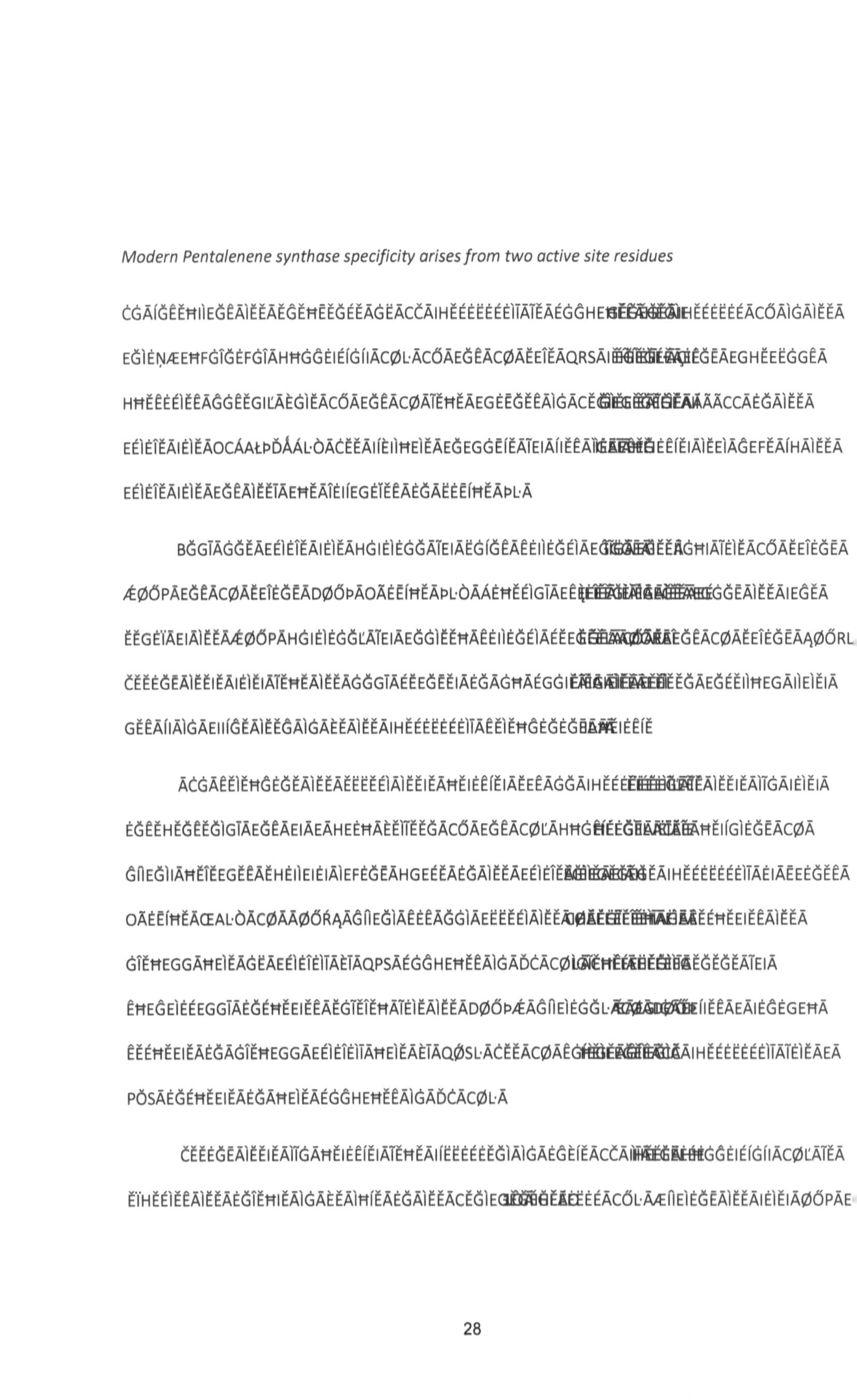

Modern Pentalenene synthase specificity arises from two active site residues

The activation of F76 for anti-Markovnikov cyclization was a gradual process

Modern Caryolan-1-ol synthase evolved via Neofunctionalization mediated through the C-terminal tail

CS and PS are not affected by the opposing specificity conferring regions

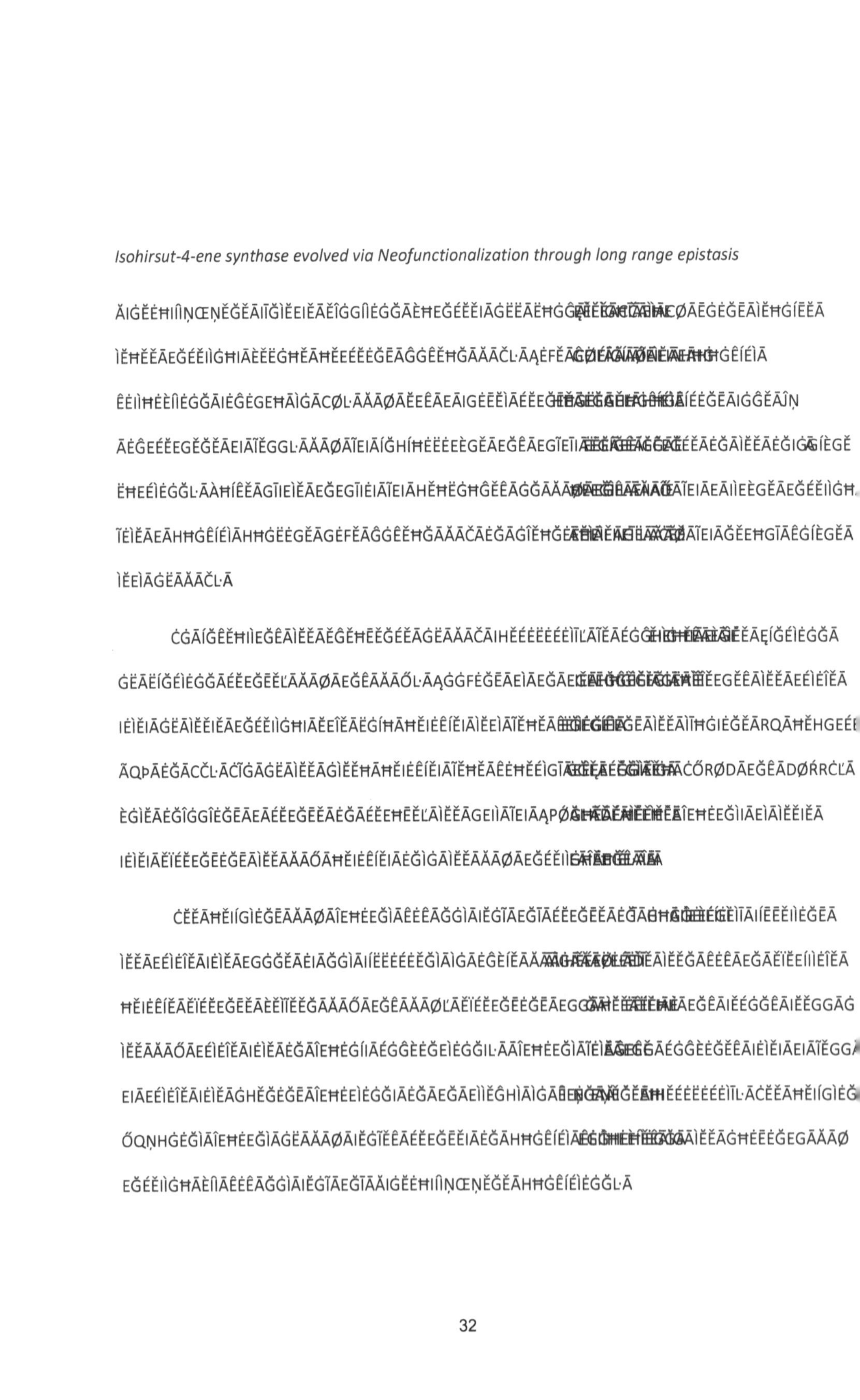

Indole prenylation in TPSs

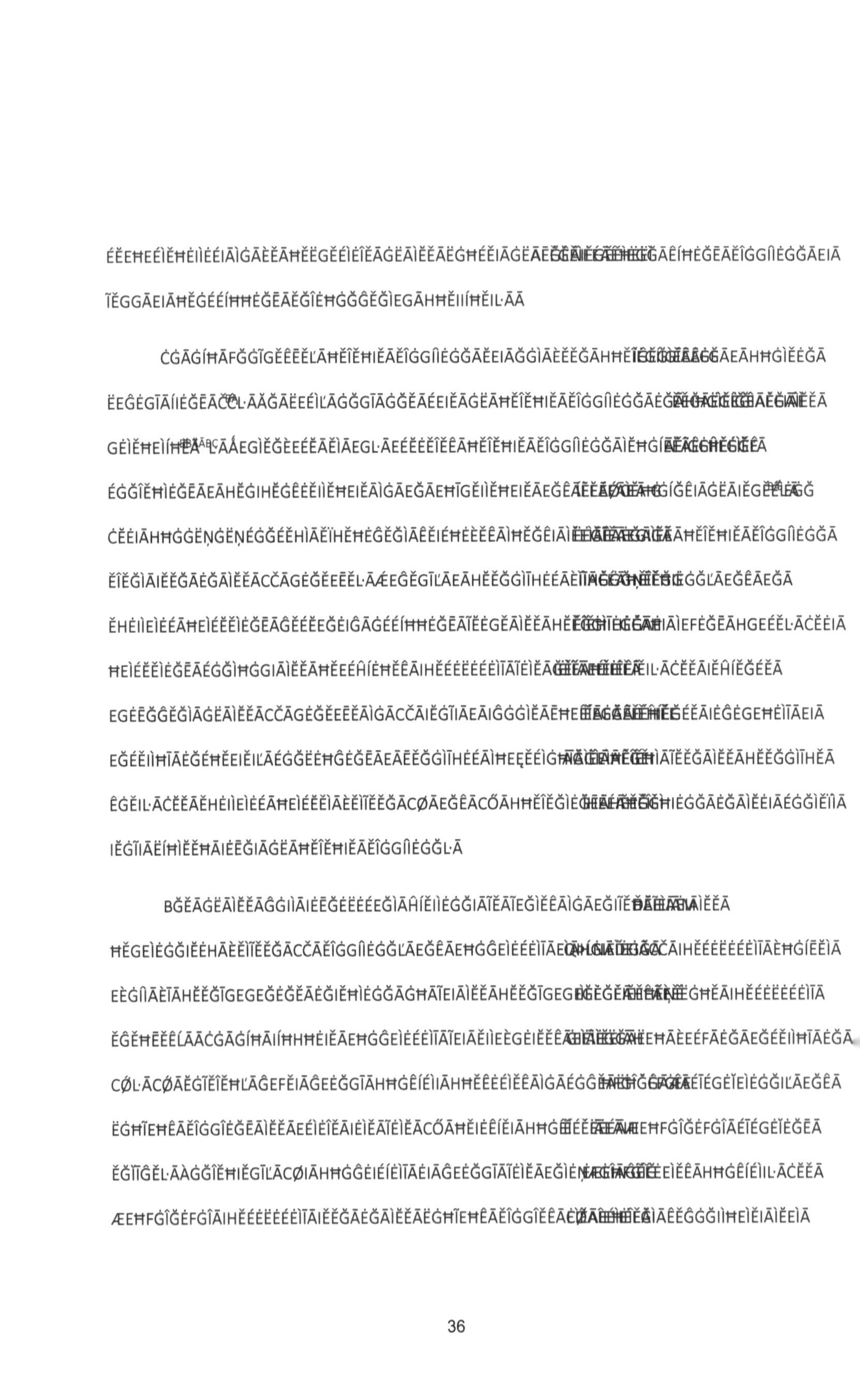

ŐĽ·ÞÃĖĒÍĦĚĬĀ

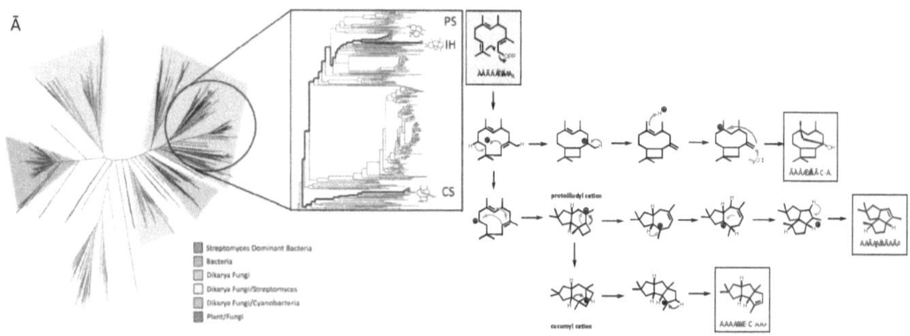

Figure 1. Type I Sesquiterpene synthase phylogeny shows specific relationships between plant, fungi, and bacteria. (A) Sesquiterpene synthase phylogeny shows TPSs grouping into macro clades mainly through organismal similarities. Dikarya fungi show unique relationships with plants, soil and water bacteria. Monoterpenes are found in this tree mainly in the plant clade. Diterpenes are also found in the fungal clades. The streptomyces dominant bacterial clade is full of A-domain only type I TPSs. Such as PS, CS, and IHS shown in the zoom in. (B) Proposed reaction mechanisms for PS,CS, and IHS.

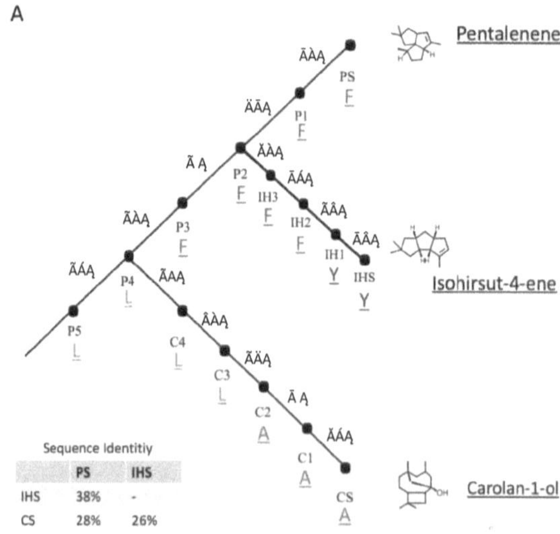

	PS	IHS
IHS	38%	-
CS	28%	26%

Figure 2. Cartoon representations of the phylogenetic tree of TPSs. Tree is annotated with sequence identities (in percent) between adjacent ancestral states. The amino acid residue at position 76 in PS numbering is shown under each ancestral state. PS has a phenylalanine, CS has an alanine, IHS has a tyrosine. Ancestrally a leucine is found in this position for P4, P5, C4, and C3. Below the tree is a table showing sequence identities for modern proteins.

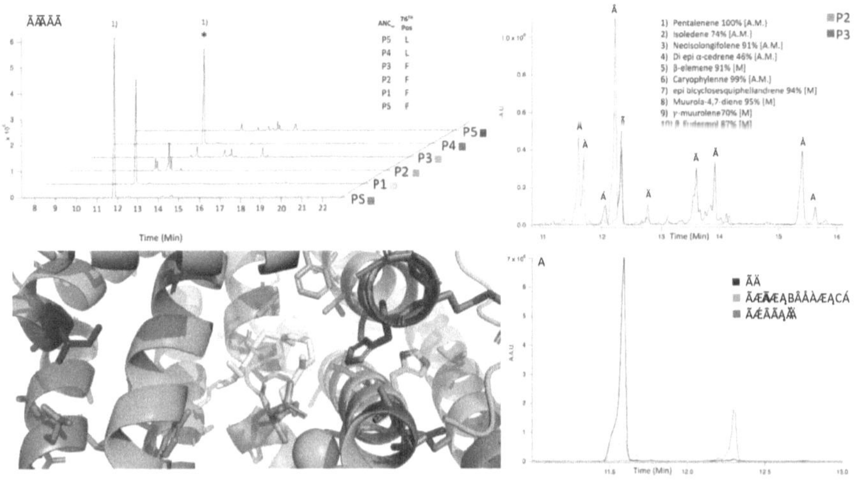

Figure 3. The PS lineage shows reverse evolution and a switch from Markovnikov to anti-Markovnikov specificity. (A) A waterfall plot of GC spectrum for P5 to PS is shown. The pentalenene peak is labeled as 1. (B) P2 and P3 differ in promiscuity with P3 making primarily Markovnikov products [M] and P2 making primarily anti-Markovnikov products [A.M.]. In the overlay of their GC-MS plots, P2 is shown in green and P3 is shown in blue. The plot shows β-elemene to be a shared product between them. (C) Alphafold model of P2 structure (in green) shows the 40% sequence dissimilarities in blue, with six active site residues starred. The two key specificity residue sites are also starred and shown as green residues. (D) The GC-MS overlay shows the P1 active site substitutions in P2 promote PS specificity with the P2 double mutant shown in green. The product profile of P3 with all active site and specificity activating residues starred in figure C is shown in blue. β-elemene, a Markovnikov specific product, is produced from this variant suggesting anti-Markovnikov specificity is determined by non-active site residues between P2 and P3.

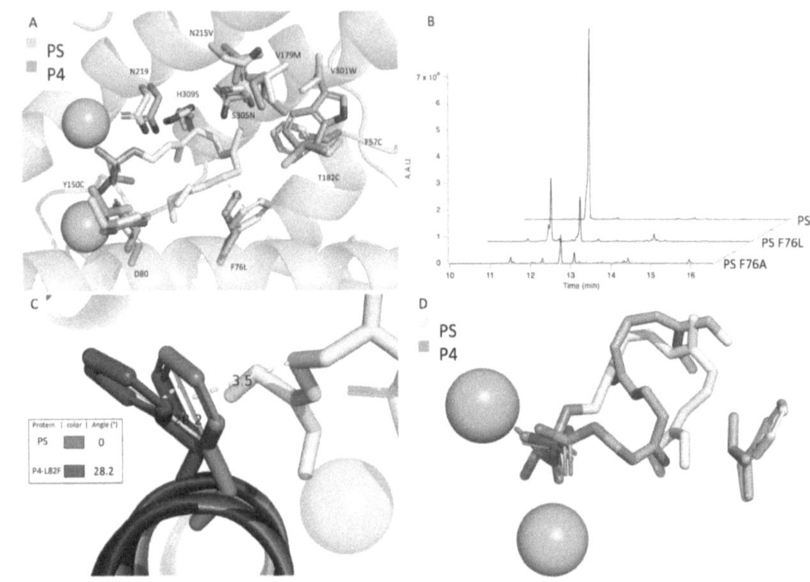

Figure 4. Pentalenene-specific P4 and PS show incompatibility with residues exchanges at position76. (A) P4 is pentalenene specific. The overlay of the P4 structural model and the PS crystal with substrate analogue DFFPP show P4 has a leucine in position 76 of PS. 11 total changes are found in the active site between PS and P4 and are also shown. (B) waterfall plot of PS variants at position 76 show specificity and overall activity are affected by evolutionarily related substitutions. PS F76L loses anti-Markovnikov specificity with the production of β-Elemene. PSF76A shows caryophyllene as the major product. (C) P4 is inactive with the Y substitution at position 76. Overlay of PS and P4 L82F shows an angle change of 28.2 degrees for the phenylalanine, and an increased distance from C9 in the substrate for the P4 variant. (D) DFFPP is shown in different orientations, PS shows a head to tail orientation. PS F76L is in an inactive S shaped orientation and not poised for anti-Markovnikov cyclization.

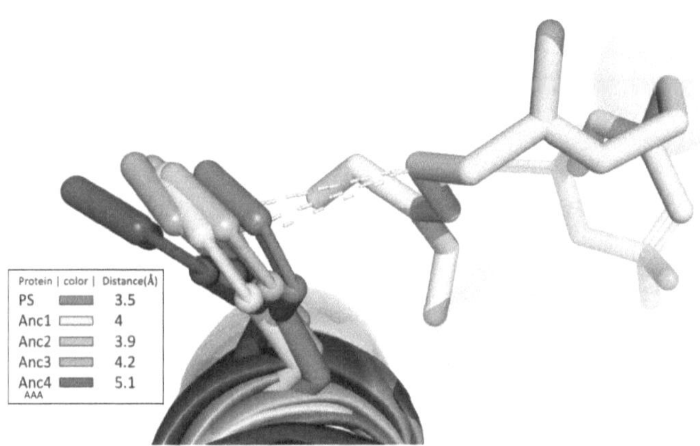

Figure 5. F76 shows increasing distance from C9 as ancestry increases.
Figure shows the Alphafold models aligned with PS with DFFPP in the active site (PDB: 6WKD).

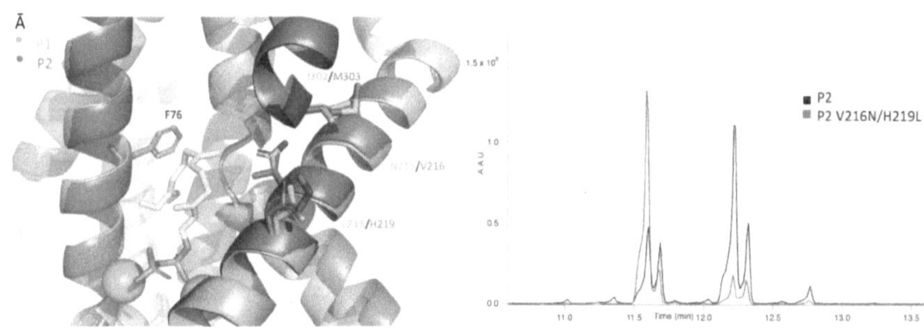

Figure 6. Modern Pentalenene specificity emerged through neofunctionalization activated by A.S. residues distant from F76. (A) structural models of P1 and P2 overlayed against DFFPP from PS (PDB: 6wkd.) The figure shows positions 216, 219, and 303 as distinct positions between P1 and P2. (B) Specificity for PS was activated in P2 through substitution at site 216 and supported by site 219. Site 303 did not affect specificity further. GC-MS profiles from overnight assays with the P2 and its double variant is shown with P2 in black and the variant in red.

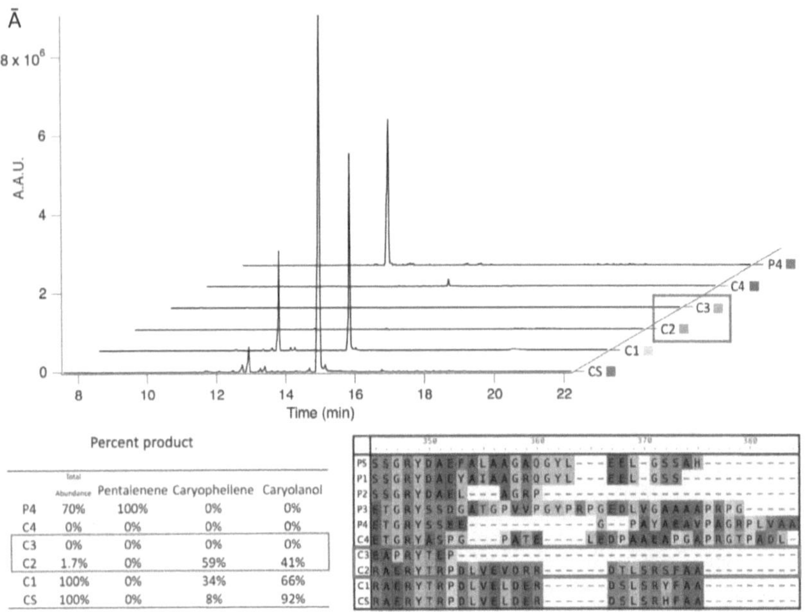

Percent product

	Total Abundance	Pentalenene	Caryophellene	Caryolanol
P4	70%	100%	0%	0%
C4	0%	0%	0%	0%
C3	0%	0%	0%	0%
C2	1.7%	0%	59%	41%
C1	100%	0%	34%	66%
CS	100%	0%	8%	92%

Figure 7. Caryolan-1-ol synthase activity emerged from an inactive ancestral lineage through C-terminal tail insertion. (A) A waterfall plot of the CS lineage is shown diverging from PS specific P4 ancestor. C3 and C4 and both completely inactive with P4 producing some farnesol, a non-cyclic derivative of FPP. the ancestors C3 and C2 and boxed in red denoting the location where activity emerged. (B) The table shows the total abundance and product distribution of the CS clade ancestors. CS specificity emerges in C2 with both caryophyllene and caryolan-1-ol production. (C) A sequence alignment of the CS and PS lineage shows the variability of the C terminal tail throughout both clades. P2 and C3 both undergo a C-terminal truncation. The red box shows C2 adopts a C-terminal tail while simultaneously gaining activity. This tail is relatively conserved in C2-CS.

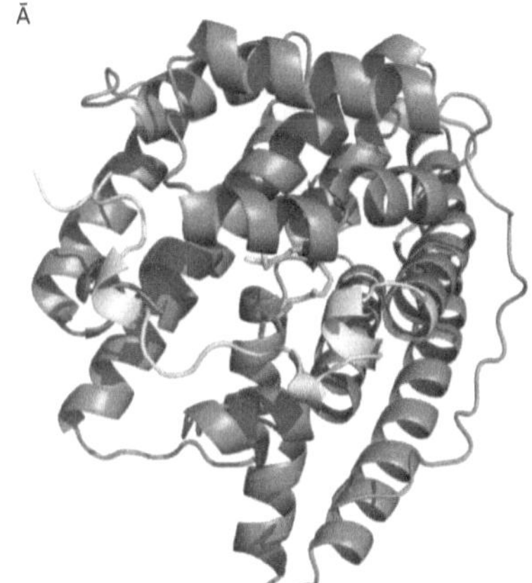

Percentage Product			
	Pentalenene	Caryophellene	Caryolanol
C3	N/A	N/A	N/A
C3 + C2-CTT	N/A	100%	N/A
CS	N/A	8%	92%
CS ΔCTT	28%	58%	14%

Figure 8. The C-terminal tail remains critical for CS specificity and terpene alcohol production.
(A) Alphafold model of CS shows the C-terminal tail wraps around the active site and makes contacts with the D-E loop. (B) Table shows the C-terminal tail effects CS and C2 differently. In C3, tail insertion activates caryophyllene production. Modern CS truncation of the C-terminus shows a break in CS specificity and reduction of caryolan-1-ol production.

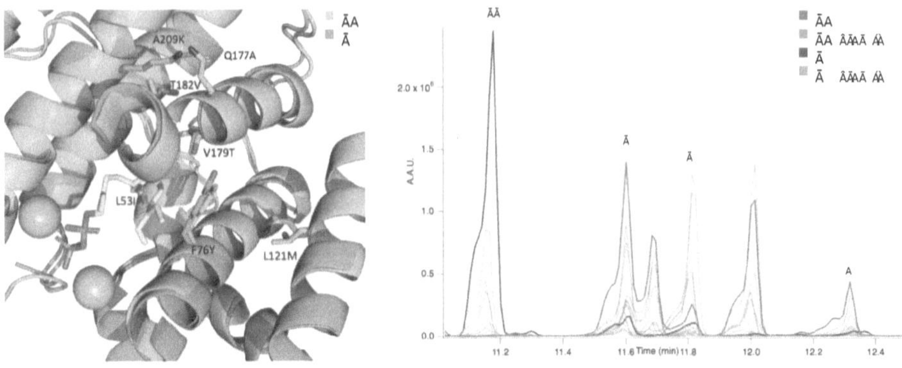

Figure 9. Isohirsut-4-ene specificity emerged from an unstable ancestral state and exists in a narrow sequence space.
(A) Structural model of IH1 and IH2 overlaid with DFFPP from PS (pdb:6wkd) shows distinct residues in and around the active site. Exchanging IH1 residues into IH2 in various pairs and altogether were not sufficient to induce Isohirsut-4-ene production. Conversely all variations made in IH1 were sufficient to break specificity. A product predicted to be B-himachalane (12) is unique to the IHS clade and is a common product seen in the IH1 variants.

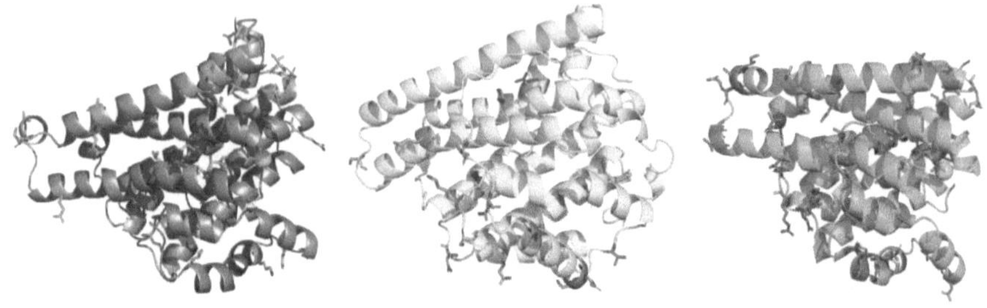

Figure 10. TPS rate increasing residues are found in the loop regions.
IHS (purple and orange) CS (yellow and blue) and PS (green and red) are shown with residues distinct from their nearest ancestral state designated. Each case shows loop regions have the most changes.

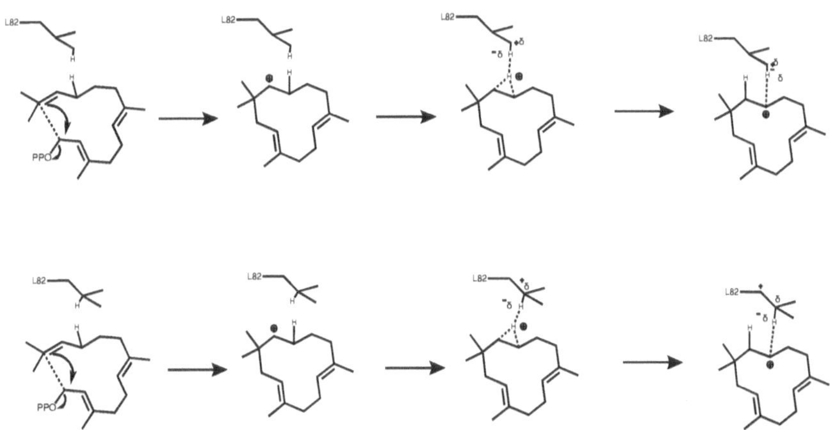

Figure 11. Proposed reaction mechanisms for leucine mediated hydride shift stabilization.
Above shows a mechanism using the δ carbon on the leucine to stabilize cation on C9 through induced dipole and closely resembles what is seen in the structural overlay. Below shows a mechanism with the γ carbon of the leucine mediating the induced dipole stabilization of carbenium on C9. The below mechanism while not supported structurally would be more chemically sound.

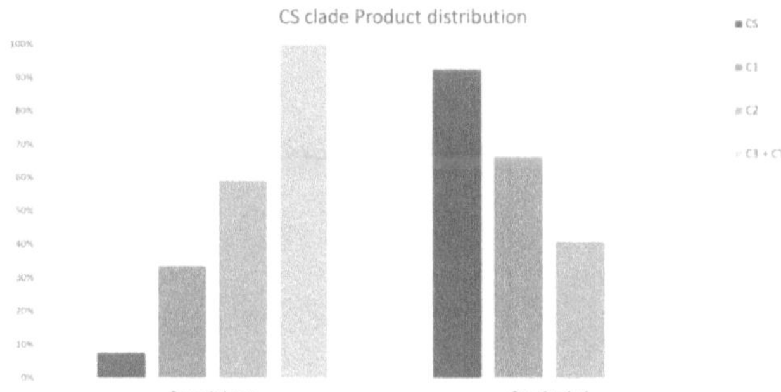

Figure 12. graph of product distributions for the CS clade ancestral lineage. CS is shown in blue, C1 in orange, C2 and grey and C3+CTT in yellow.

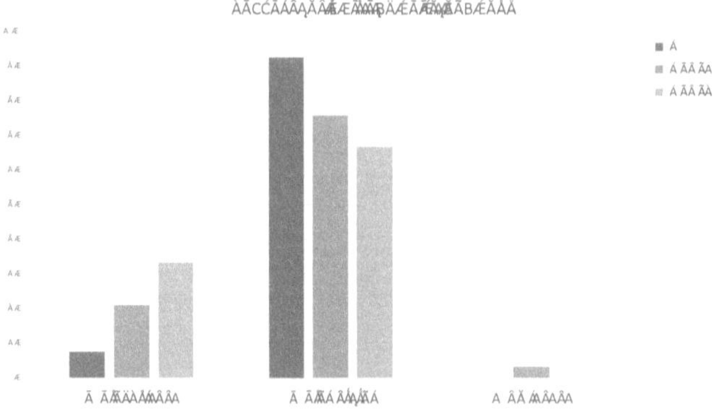

Figure 13. Graph of product distributions for variants of CS. CS is shown in blue, CS A79F in orange and CS A79L in grey.

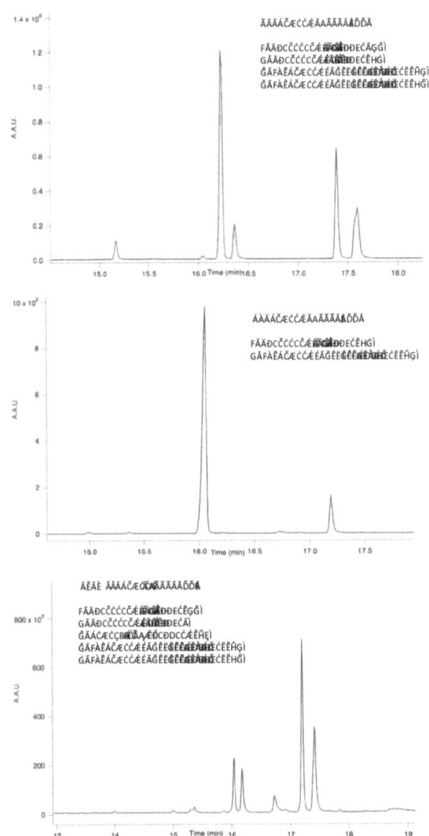

Figure 14. Product profiles for indole prenylation with PS, IHS, and CS-ΔCTT. Tables are provided showing the predicted products with percentage confidence.

ŐĿ·ŒĖÈGĚIĀ

Table 1. PS lineage statistical data

Protein	Seq ID to PS	Posterior P.	Kcat/PS Kcat	# Prod.	Tm
PS	**100**		**100.00%**	**1**	**42**
PS F76L			5.90%	2	45
PS F76A			0.15%	4	N/A
PS CTT			1.51%	1	41
P1	**83**	**0.99**	**18.79%**	**1**	**59**
P1 L218H			4.93%	1	65
P1 N215V			10.52%	1	56
P1 N215V/L218H			74.06%	1	66
P2	**66**	**0.814**	**0.52%**	**4**	**75**
P2 H219L			0.13%	4	80
P2 V216N			0.15%	4	72
P2 V216N/H219L			0.78%	1	82
P2 CTT			0.01%	4	
P3	**47**	**0.994**	**N/A**	**5**	**80**
P3-P1 A.S.			N/A	1	81
P4	**37**	**0.898**	**0.31%**	**1**	**75**
P4 L82A			N/A	N/A	74
P4 L82F			N/A	N/A	

Table 2. CS lineage statistical data

Protein	Seq ID to IHS	Posterior P.	Kcat/PS (CS)	# Prod.	Tm
CS			**0.61% (100%)**	**2**	**34**
ÀÃÂÃ			CÅĈEÃĄĆCĈE Æ	Ć	ĈĆ
ÀÃÂÄ			ČÅÇEĄÇÇBE Æ	Ĉ	ĈÇ
À ĀÁ Á			AÅ	Ĉ	ĈĈ
C1	**94**	**1**	**1%(164%)**	**2**	**35**
C2	**78**	**0.954**	**N/A**	**2**	**84**
C3	**58**	**0.841**	**N/A**	**0**	
ĆBĎ**Ā**ĂĂ			ÅĊE ĄĈĎE Æ	C	
C4	**42**	**1**	**N/A**	**0**	**98**

Table 3. IHS lineage statistical data

Protein	Seq ID to IHS	Posterior P.	Kcat/PS Kcat	# Prod.	Tm
IHS	**100**		**0.17 (100%)**	**3**	**49**
148	**85**	**0.97**	**0.29 (175%)**	**3**	**63**
155	**56**	**0.86**	**N/A**	**6**	**N/A**
161	**48**	**0.93**	**0.0048(0.028%)**	**6**	**74**

ŐL·ĦHĚĞÊĖÏĀ

Table 4. Crystallographic data collection and refinement statistics for PS F76A

Crystallographic Data Collection and Refinement Statistics

Space group	$P6_3$
Wavelength (Å)	0.9774
Resolution range (Å)	20 - 2.5
Highest resolution shell (Å)	2.6 - 2.5
Unit cell parameters (Å)	a = b= 176.4,
	c = 56.1;
	α = β = 90,
	γ = 120
Total reflections	710571
Unique reflections	34859
Completeness %[a]	99.8 (100)
R_{merge} %[a]	11.4 (165)
CC(1/2)[a]	1.0 (0.8)
I/σ (I)[a]	14.5 (2.0)
Redundancy [a]	20.4 (20)
Refinement statistics	
Resolution range (Å)	20 - 2.5
No. of reflections used	34843
R_{cryst} %	22.9
R_{free} %	26.5
Protein atoms	4750
Water molecules	163
r.m.s.d. in bond lengths (Å)	0.006
r.m.s.d. in bond angles (°)	1.5

[a] Highest resolution shell values are given in parentheses.Ā

[illegible]

[illegible] *Chem Rev* **117** [illegible]

[illegible] *Ann. Plant Rev* **40** [illegible]

[illegible] **78** [illegible]

[illegible] *Biol* **12** [illegible]

[illegible] *Curr Opin Chem Biol* **47** [illegible]

[illegible] *Chem Soc* **142** [illegible]

[illegible] *JACS* **124** [illegible]

[illegible] *Am Chem Soc* **134** [illegible]

[illegible] *Biochemistry* **59** [illegible]

[illegible] *Chem A* **118** [illegible]

[illegible] *Biol Chem* **286** [illegible]

[illegible] *Applied and environmental microbiology* **84,11** [illegible]

[illegible] *Tetrahedron Letters* **44** [illegible]

[illegible] **48** [illegible]

[illegible] **23** [illegible]

[illegible]

[illegible] *Curr Opin Struct Biol* **69** [illegible]

[illegible] *Comput Struct Biotechnol J* **19** [illegible]

[illegible]

[illegible] *Biol Evol* **8** [illegible]

[illegible] *Endocrinol* **68** [illegible]

[illegible] *Proc Natl Acad Sci U S A* **113** [illegible]

[illegible]

[illegible] *Commun* **6** [illegible]

[illegible] *Chem Biol* **4** [illegible]

[illegible] *Plant Sci* **255** [illegible]

[illegible] *Annu Rev Biophys* **46** [illegible]

[illegible] **61** [illegible]

[illegible] *BMC Evol Biol* **4** [illegible]

[illegible] *Curr Opin Struct Biol* **20** [illegible]

[illegible] *Protein Sci* **25** [illegible]

[illegible] *Nat Chem Biol* **14** [illegible]

[illegible] *Curr Opin Chem Biol* **16** [illegible]

[illegible] *Mol Biol Evol* **37** [illegible]

[illegible] *ACS Catal* **11** [illegible]

[illegible] *Nature communications* **11** [illegible]

[illegible] *BMC Microbiol* **15** [illegible]

[illegible] *Rep* [illegible]

[illegible] *J Phys Chem B* **126** [illegible]

[illegible] *FEBS J* **285** [illegible]

[illegible] *Science* **355** [illegible]

[illegible] *Nature* **525** [illegible]

ŐŎĶ ÆEĞJĀĀĶĀĚÌĀEĜĶĀÆĚÌĪĢĦGĀÉĢĠÌĚÌĀEĠĒĀIĚĜĚÉÌĘĢĠĀĘĠ **ĢĀĚĀĀĞĠĨĞĢ** ĀIHĚÉĘĒĘÉ *Science* **337**J ÖÖŐÖĽÖÖŐŐĀŁŌŐÖÖĽ·Ķ

ŐŎĶ ÄÁÆĆĀĈĊÁĀČÁÆĈ **ÆĀ** ĀÆĀJĀĄĶĆĶĆĶĀBÁĆĈBÁAČĀÇÁĽĀĆÁÇÁĆĈĀĀÁ *EVOLUTION* ĶĀ *INTERNATIONAL JOURNAL OF ORGANIC EVOLUTION* **55**JĀØØŎĽØØŐĀŁŌŐŐÖĽ·Ķ

ŐØĶ ÅEĜÌĚĠÈEÉĖJĀĄĶJĀÄEÉGIĢĠJĀĄĶĀĶJĀAEĞHÈĚĜĜJĀÁĶAĶ **ĶĀĢĜĞĠĒĢĒĢĒ** JĀĀĒĶĀĆĚÎĚĦIĚĀĚÎĢĜÎĘĢĠĀĜĚÉĒI IĢAĖEĢĢIIHĘEAĘĜEĢĜHEIĘĖĘĜĘIIAĖEIHĘIEAEIĜEIĘĢĜEĜĀEĢ **ĀĚĢĢĪĚĦĚ** ĜĚ *Elife* **4**ĀŁŌŐÖØĽ·Ķ

ŐØĶ ÆEĚĘJĀĶÀĶĀÒĀĆĚĚEĠJĀÅĶĀĞĀĘĜÎĚĦIĚĀÉĢĦĦĚĜEÌĘĢĠĀĖĚ **ĞĚĖĀĢĢĠĤĀĢ** ĘĜĘÌĪĀĘĠĀEĀĒĢÍĦĽĚĚĜĘÏĽ ÈÍĠÊĜĚĀHĦĢÌĚĘ *Cold Des* **2**JĀØŒĽŒØĀŁÖÞÞŒĽ·Ķ

ŐŒĶ ĜĜEĠĀÂĢĦÉĚJĀĄĶÅĶJĀŇĀÂĶĀ ĦĪEĠĀBĘÉĠĚÌÌJŇĀĠĚĚĜĀĞ **ĢĦĚĠŃĦĘĢĚĀ** ĀĢĖĠĀBĢIÌĜĚÌĚÏEĘÌ BĦĚIĚĦÎĚÌĘĢĠĀĢĒĀÀÍĤĜĘÉĖÌĚĀÃĚĠĚIĀÈĪĀĀĢĞHĜĚĞĚĠÌĚĦĪJĀÀĚĚĚ **ĢĚĦĘĢĢĀ** *of the Genetics Society of America* **151**JĀÖØÖÖĻÖØŐØĀŁÖÞÞÞĽ·Ķ

ŐPĶ ĈĖĘĠĽÄEĠĀĈĖĘÍŃJĀÄĶÅĶ ĶJĀĆÍĠIÍĠĀBEĠŇJĀBĚĠĚĀĐĖEĠĚ **ĽĀĚĘĞĀĀĚ** ĀĆĢĜĚĀĢĒĀHĢIĘÌĘĪĚĀIĚĜĚÉÌĘĢĠĀĘĠ ÌĖĚĀĦĚÌĚĠÌĘĢĠĀĢĒĀÊÍHĜĘÉEÌĚĀĚĚĠĚIĀĘĠĀĞĚĞĚĜĘEĠ **ĀĘĢĢĀ** **103**ĀŁŌŐŐØĽ·Ķ

ŐÞĶ ÄEĖĠJĀĄĶDĶĀÀĘÌĘĠĚÍĘIĖĘĠĚĀEĞĢĠĚĀĚÎĢĜÎĘĢĠĚĦĪĀĞĢĚĜI **ĀĚĢĢĦĢĚ** ĀÉĚĀĢĒĀĚĚĠĚĀÊÍHĜĘÉEÌĚIĶ *J Hered* **100**JĀØŌØĽØÖŒĀŁŌŐŌÞĽ·Ķ

ØŐĶ ÀĦĘĜĜĚĦJĀĆĶĀĚÌĀEĜĶĀČĢÎEĦÊIĀEĀĒĢĜHĦĚĚĠIĘÎĚĀÍĜĚĚ **ĦĚĀĠĢĚĢĀĢ** ĀĒĪGEĞĘÉIĀĢĒĀ ÈEÉÌĚĦĘEĜĀĚĘÌĚĦHĚĠĚĀIĪĠÌĖEIĚĀÊÍĦĘĠĚĀEÉ *Nat Commun* **9**JĀŎÞŒÖĀŁŌŐŎPĽ·Ķ

ØÖĶ ÅĜĘĪĪĘJĀĄĶJĀÃĢĠĪEĜĚĪJĀÇĶJĀĄĘĜĜĚĦJĀÀĶĀĶĀÒĀĜĜĚĞĚ **ĢĞĚĢĢĶĀĀĚĠĘ** ĀAEHÌÍĦĚĀĢĦĀBĦĢĠĢĠĀÁĢ ĈĘĠĚĜĚĀĞĘĢĠĀÉĘÊĀĈĪĘÌÉĖĀĀĢĜÎĚĦÌIĀ **ĚĀĚĠĀ** ĘĜĚĜĚĀĈĪĠÌĖEIĚĀĘ **ĀĢ** ĀĞĚÉĦEĖĘĚĠĽŐĽĢĜĀĈĪĠÌĖEIĚĶ *Chembiochem* **19**JĀÖŐŐĽÖŐØĀŁŌŐÖPĽ·Ķ

ØŐĶ ĈĦĘÎEIÌEĪEJĀBĶÅĶJĀÄÍEĢĦÉĘEJĀĶĄĶJĀÄÎĢĖJĀÄĶJĀĄĘĢ **ĜĢĚĀĢĶĀĀ** ĀÅĶĀÒĀÎEĠĀÊĚĦĀÅEĞHJĀĄĶDĶ ĆĚĚĚIĘĚĢĘĠĚĀÌĚĚĀĄĢĜĚÉÍĜEĦĀAĠĢĦĚĢĚĦEHĚÌĀÌĢĀBĦĚÎĚĠÌĀĀÏĚĦ **ĀĢĢĀĚĞĢ** ĚÉĦEĒĘĚĠĽÖÖĽĢĜ ĈĪĠÌĖEIĚĀAEÌEĜĪĘĶ *ACS Catal* **11**JĀÖŐŐÖĽÖŐŐĀŁŌŐŐÖĽ·Ķ

ØŐĶ ĜEĠGJĀBĶÆĶJĀBĚĞĚĚĦÌĢĠJĀČĶĶJĀAEĢĪJĀÄĶĐĶJĀBĢÍĜÎĚĦ **ĦĀĶĶĢĶĀĢĀĀ** ĶDĶĀĀĦĪÌEĜĀĈÌĦÍÉÌÍĦĚĀĢĒ AÍÍĞĚĠĚĀĈĪĠÌĖEIĚJĀEĀČĚĦHĚĠĢĘĒĀAĪĒĢEIĀČĚEÌĀÃĚĢĚĦEÌĚIĀE **ĈĀĘĢĚĘĢĦ** ĢĚĀĈĚIĤÍĘĚĦHĚĠĚĶ *Biochemistry* **57**JĀØŌŐØĽØŌÖØĀŁŌŐŎPĽ·Ķ

ÀĚEHÌĚĦĀØĀ

ÀĦĪÌÌEGĀČÌĦÍÉÌÍĦĚĀĠËĀÀEĦĪĠGEĞŅŐŅĠGĀČĪĞÌĚEIĚĽĀEĀĊĚĦHĚĞĚĀĊĞĪĚĠĦĀĞĖÌĖEGĀĞÌĖŅ

ÆEĦFĠÎĞĖFĠÎĀÀĪÉGĖĬEÌĖĠĞĀĠËĀÃEĦĞĚIĪGŅÁĖHĂĠIHĚEÌĚ

AĦEĞÊĠĞĀAGEÉFĽĀĈEĜEIEĜĪĀCL·ĀÅÍĜEĦĽĀÅEIĠĞĀBL·ĀÆEÌĠIĽĀĎĚĞĚĜĖÍĚĀÅĀĚĜĖĀÀĚĚĞĽĀ

ÆEÉÅĚĞĪÉĚCEÌÌĚĦIĠĞĽĀÅEÉĠÈĀL·ĀÄĚĚÌĜEĞĽĀÁĠÍĒGEIĀĄL·ĀĊĚĚĠÈEGÊĽĀÄIĦĚÅĜÊĀÅĦĚĖĚGĀÁL·Ā

BHĦĖEĞ

Streptomyces griseus

Preparation of tris-ammonium (2Z,6E)-2-fluoro farnesyl pyrophosphate

[illegible]

Preparation of CS, CS A79F, and PS F76A

[illegible] *Streptomyces griseus* [illegible] *Escherichia coli* [illegible] *E. coli* [illegible]

[illegible]

[illegible]

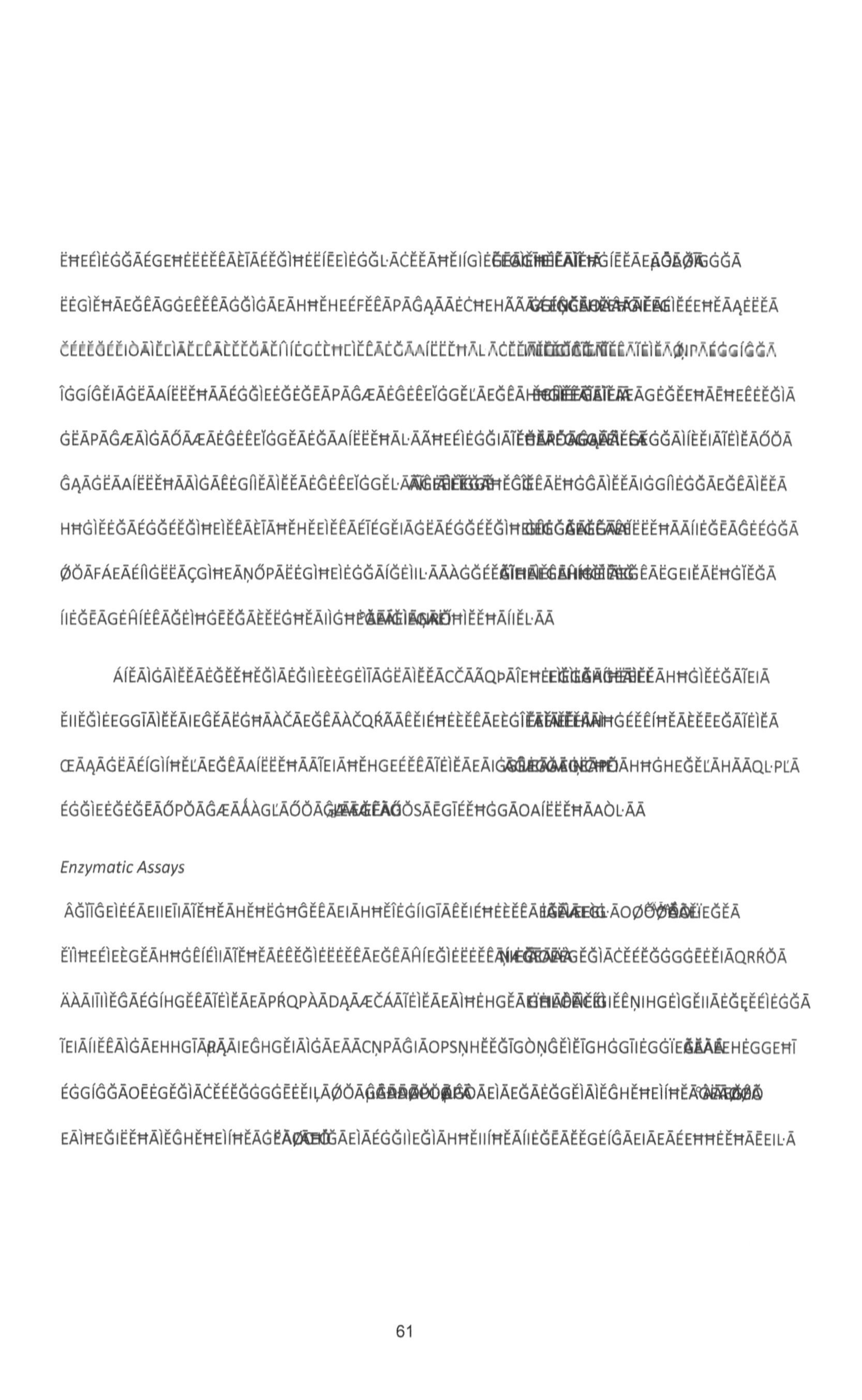

Enzymatic Assays

Crystallization, Data Collection, Processing, and Refinement:

ĒĖĖËĔĦĔĞÉĔĀĀĠÍĦĖĔĦĀĔĢĔÉÌĦĠĞĀ[illegible]ĀĖĞĀÌĔĔĀEÉÌĖÎĔĀIĖÌĔĀĠËĀĔĖÉĔĀĜĠĜĔÉÍĠĔĀĖĞĀÌĔĔĀ

EIÏĜĜĔÌĦĖÉĀÍĞĖÌĀEĞĒĀĜĠĒĔĠĠĔĒĀĖÌĀÏĖÌĔĀEĀĜĠĜĔÉÍĠĔĀĠËĀÌ[illegible]ĞIĀÏĖÌĔĀ

ÉĜĠĦĒĖĞEÌĔĒĀÏEÌĔĦĀĜĜĠĔÉÍĠĔIĀÏĔĦĔĀEGIĠĀĜĠĒĔĠĔĒĿĀĊĔĔĀË[illegible]ĠÌĀĖĞÉGÍĒĔĒĀEGĠĀ

ÏEÌĔĦĀĜĜĠĔÉÍĠĔIĀEĞĒĀĔĔĒĀĈĀEĞ[illegible]ËĀŎĿØŐĀEĞĒĀŎĿØPÞĽĀĦĔIHĔÉÌĖÎĔĠÏĿĀ

CS-2FFPP

ĀĊĔĔĀÉĦÏÌÌEGIĀĠËĀÀČĀĖĞĀÉĜĜHGĔÏĀÏĖÌĔĀÌĔĔĀØĀĀCCĀIÍĖÌÌĦ[illegible]ĒĀĖÌĀÉĠŅ

ÉĦÏÌÌEGGĖÏEÌĖĠĞĀÍIĖĞĒĀÌĔĔĀIEĜĒĀÉĦÏÌÌEGGĖÏEÌĖĠĞĀÉĠĜĒĖÌ[illegible]ĀÌĔĔĀEHĠŅĔĞÏÏĜĒĀĖÎĀ

ĖĞÉGÍĒĖĞĒĀŐĀĜÆĀØĀĀCCĀEĞĒĀŐŎĀĜ[illegible]GĀÉĦÏÌÌEGIĀEHHĔĔĦĔĒĀEĞĒĀÌĔĔĀĖĔÌIĀĒĖĔËĦEÉÌĔ

ØĿÞPĀ ĀĦĔIĠGÎÌĖĠĞĿĀĊĔĔĀIEĜĒĀĖĔĜGĖĞĔĽĀIHEÉĔĀĒĦĠÍHĽĀ[illegible]ĠIĀEIĀEHĠĀÀČĀÏĔĦ

ÍIĔĒĀÌĠĀEÎÌĠHĦĠĔÌIĀÌĔĔĀĒĔÌEĀÏĖÌĔĀĐĀ[illegible]ÀEÌEĀÏĔĦĀIÉEGĒĔĀÍIĖĞĒĀČ[illegible]ĔĦĠĞĀÌĔĔĀÀĀCŒĀ[illegible]

ĊĔĔĀIÌĦÉÌÍĦĔĀÏEIĀIĠGÎĔĒĀĖÌĀĜĠĜĔÉÍGĦĀĦĔHGEÉĔĜĔĞÌĀÍIĖĞĒĀ[illegible]ĞĀĀÀ[illegible]ĖÌĔĀEHĠŅÀČĀEIĀ

EĀIĔĔĦÉĔĀĜĠĒĔĠĿĀĔÌĔĦĀĖĞĔÌĖĔEGĀĦĠÍĞĒĀĠËĀĦĔĔĖĞĔĜĔĞ[illegible]ĠÍĦĀĜĠĜĔÉÍGĔIĀĖĞĀÌĔ

EIÏĜĜĔÌĦĖÉĀÍĞĖÌĀÉĠĞÌEĖĞĔĒĀEĞĀÉÌĔĞĔĔĽĀĠĖĞĔEĦĀĔĠĔÉÌĦ[illegible]ĔĀÏĖÌĔĀ

ÉĔEĦEÉÌĔĦĖÌĔĔĀĜĔÌEGĀĖĠĞĀHĔEFIĿĀČGĖĔĔÌĀĔĔĔĖĔĔĦĔĠĔÉIĀ[illegible]ĖÌĖÎĔĀIĖÌĔĽĀEĞĒĀÌĔĔĀ

GĖĔEĞĒIĀÏĔĦĔĀĜĠĒĔĠGĔĔĀĖĞĒĔĔHĔĞĒĔĞÌGIĀEIĀÉÍĔĔĔĒĀĔÌĀĔĞĔ[illegible]ĠËĀÌĔĔĀĜĠĜĔÉÍĠĔĿĀ

ĎĔĀEGIĠĀËĠÍĞĒĀEĀĔĔÏĀĔĦĔĔĀHĔĠIHĔÌĔĀĖĠĞIĀEÌĀHĦĠÌĔĔĠĀ[illegible]ÍĠĔIĀĖĞĀÌĔĔĀ

EIÏĜĜĔÌĦĖÉĀÍĞĖÌĿĀĊĔĔĀĔĔĞEGĀĜĠĒĔGĀÏEIĀĦĔĔĔĞĔĔĀÌĠĀ[illegible]ØŎŒĀEĞĒĀŎĿØŒŔĽĀĦĔIHĔÉÌĖÎĔ

PS F76A

ĀĊĔĔĀÉĦÏÌÌEGĀÍIĔĒĀĖĞĀIĠGÎĖĞĒĀÌĔĔĀIÌĦÍÉÌÍĦĔĀĠËĀÌĔĔĀCČĀ[illegible]ĖÌĖĞĒĔĔĀĔĦĠĜĀŐŎŎĀ

ĜÆĀĀĀĈĀČĽĀHĀĀQĿPĽĀÉĠĞÌEĖĞĖĞĒĀØĀÆĀEĞĜĜĠĔÍĜĀIÍGĔEÌĔĀEĞĒĀ[illegible]ŎĿĀĀĀĀĦÏÌÌEGI

CČĀĀQÞĀĖĞĀÉĜĜHGĔÏĀÏĖÌĔĀÌĔĔĀØĀĀCCĀEĞĒĀĀĀĀCCĀĠĖĔĔĞĔIĀ[illegible]ĔĀEHĠŅCČĀĀQÞĀ

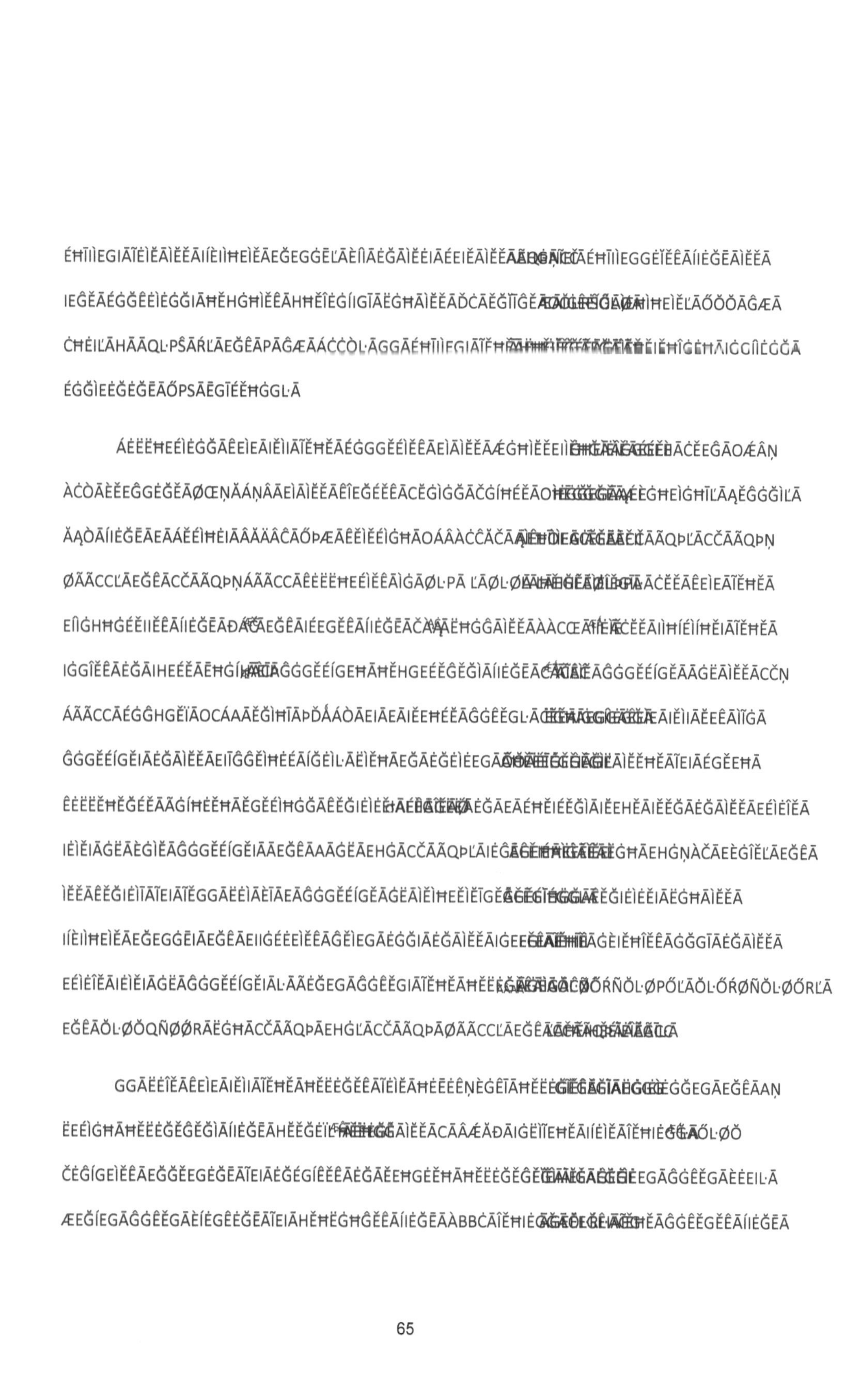

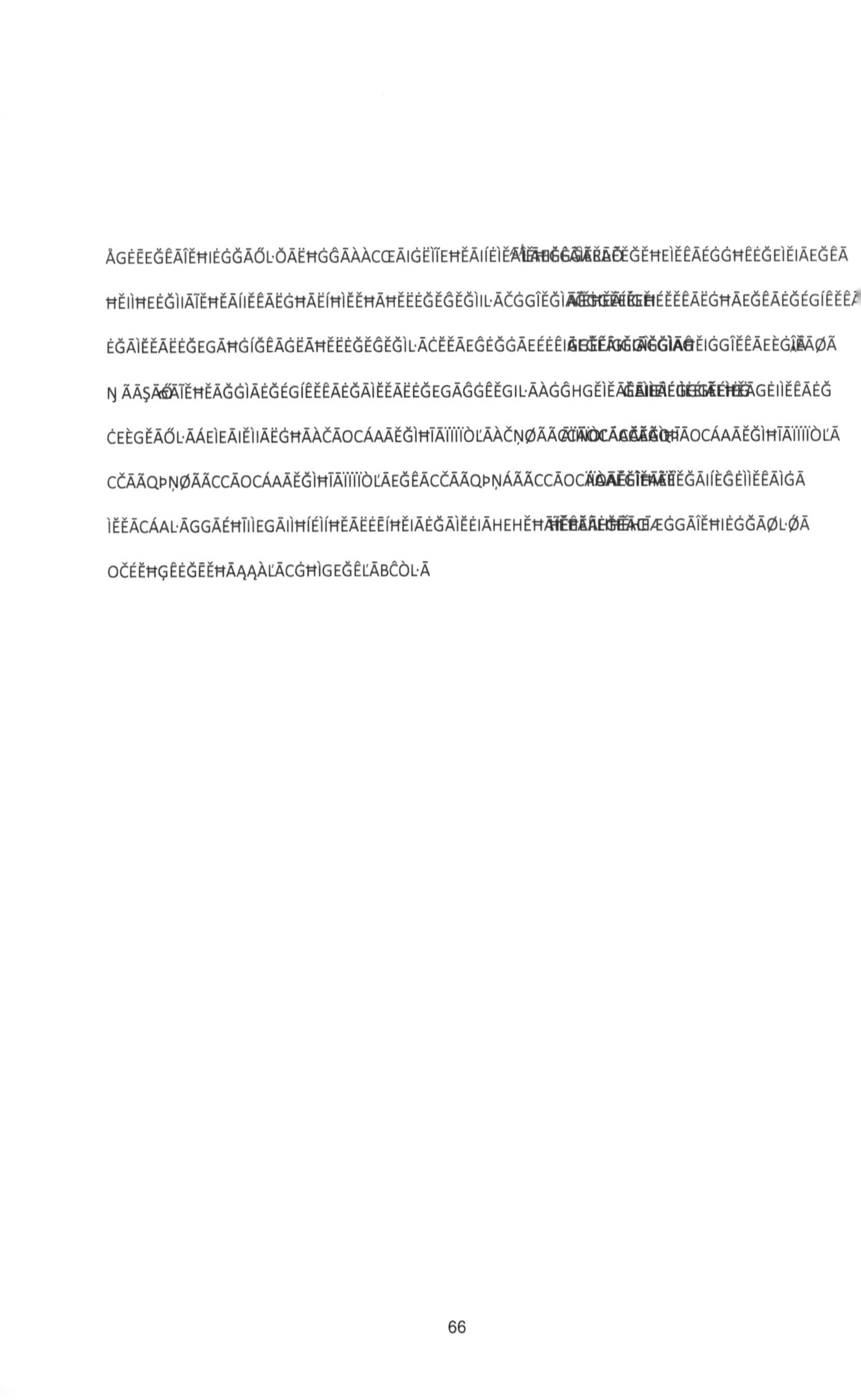

[illegible]

F76A Variant of Pentalenene Synthase

[illegible]

Structure of CS

[illegible]

Structure of CS bound to the substrate analog 2FFPP

Structure of PS F76A

Structure of PS F76A ligand complexes

ĚĖÌĚĚĦĀĠËĀÌĚĚĀÃQÞĀÌÌĦÍÉÌÍĦĚIĿĀĂĞĀĖĠÌĚĽĀÌĚĚĀÀŐŒĀĜĚÌĚĪ[illegible]ĖÎĚĀĠĖĒĒĞÊĀĠÉÉÍHĖĚIĀ

ÌĚĚĀÎĠĖÊĀĠĚËÌĀĖĪĀÌĚĚĀHĚĚĞĪGĀIĖÊĚĀÉĚĖĖĞĀĠËĀÃQÞĿĀ

ØL·PĀÃĖĒÍĦĚIĀ

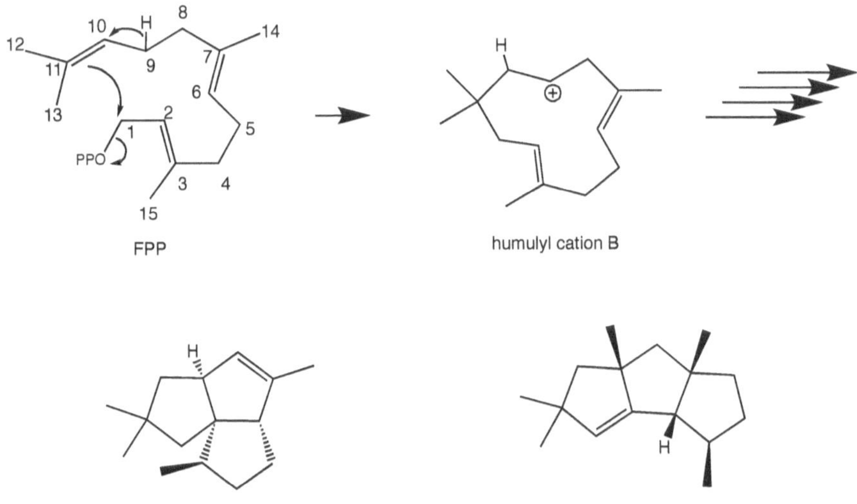

Figure 15. Initial cyclization reactions for the enzymes PS and cucumene synthase showing intermediate formation of humulyl cation B.

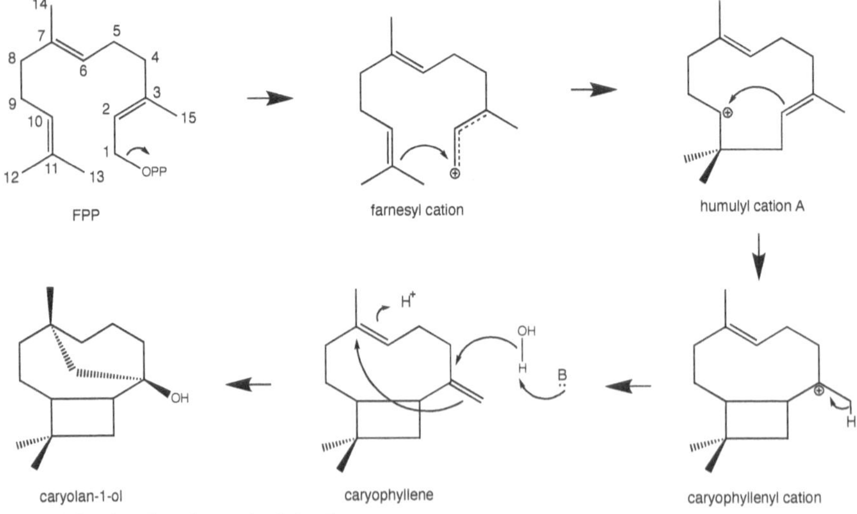

Figure 16. Reaction scheme for caryolan-1-ol synthase.

The reaction begins with the FPP substrate, shown in the upper left corner of the figure with carbon atoms numbered. Initial anti-Markovnikov cyclization involves attack of π electrons from C11 on C1, displacing the allylic diphosphate group to form a carbocation on C10. Subsequent transannular cyclization steps and addition of water result in the multicyclic fused ring system of caryolan-1-ol.

Ā

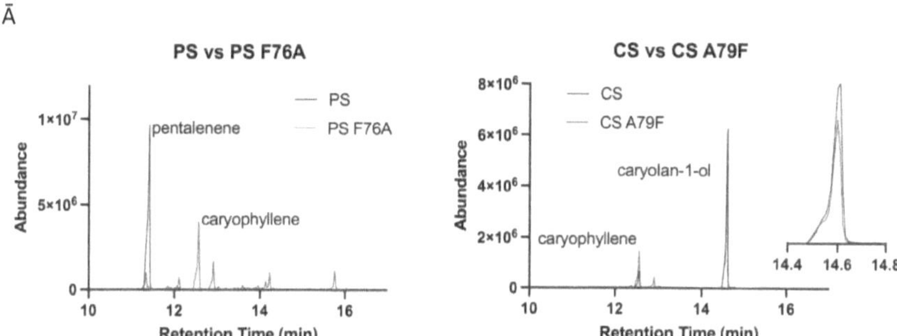

Figure 17. GC-MS product profile for overnight reaction of FPP with PS and CS variants.
(A) Reaction with WT PS and variant PS F76A. (B) Reaction with WT CS and variant CS A79F. Inset shows the peaks for caryolan-1-ol with expanded time axis to allow for better resolution of the red and blue peaks.

Ā

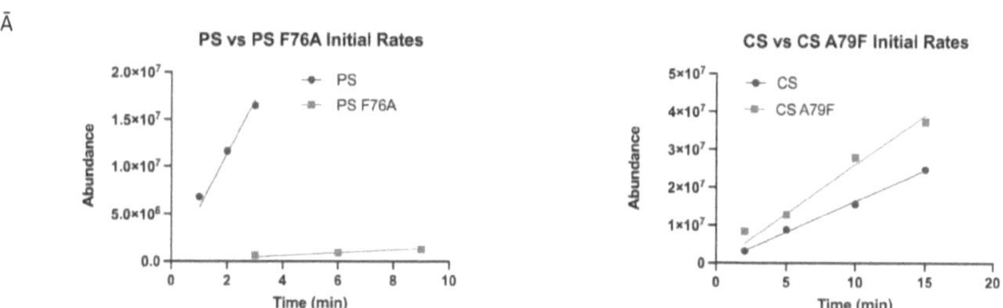

Figure 18. Initial rate data for reactions of PS and CS.

The reactions were run under Vmax conditions for: (A) PS and the PS F76A variant; and (B) CS and CS A79F variant.

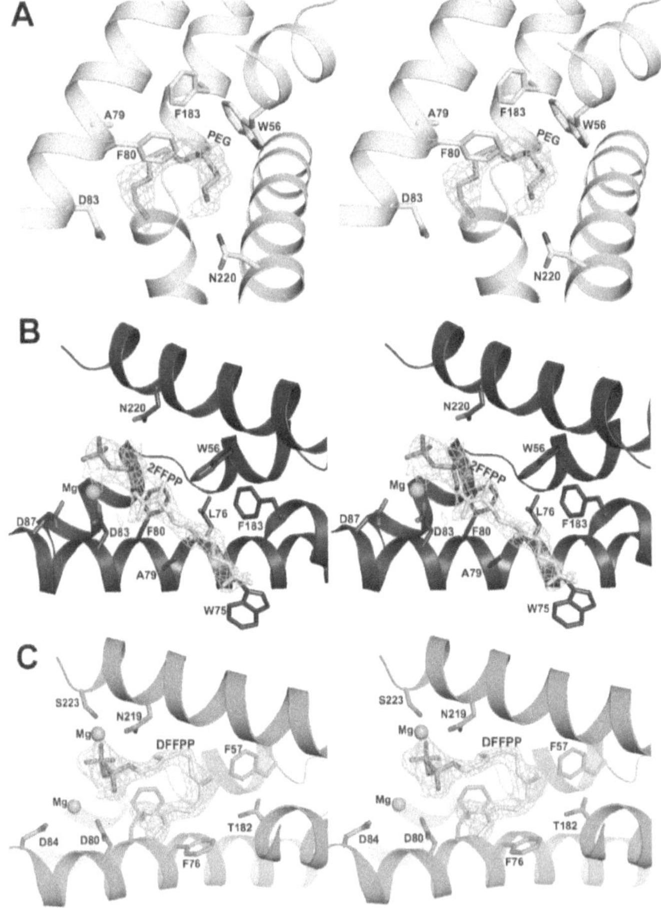

Figure 19. structure of CS and PS active site with substrate analogues.
Electron density (Fo – Fc = 3σ cutoff colored in cyan) shown in stereoview for ligands in the active sites of CS and PS. (A) Electron density found in the active site of "apo" CS (yellow). A tetraethyleneglycol molecule (H(C2H4O)4OH; molecular mass = 194) is shown modeled into the electron density. (B) Electron density found in the active site of CS (purple) that had been co-crystallized with 2FFPP. 2FFPP is shown modeled into the electron density. (C) Electron density found in the active site of PS (green) after crystals had been soaked with DFFPP. DFFPP is shown modeled into the electron density. Mg2+ ions in panels (B) and (C) are shown as green spheres. The orientation of CS and PS is similar in panels (B) and (C).

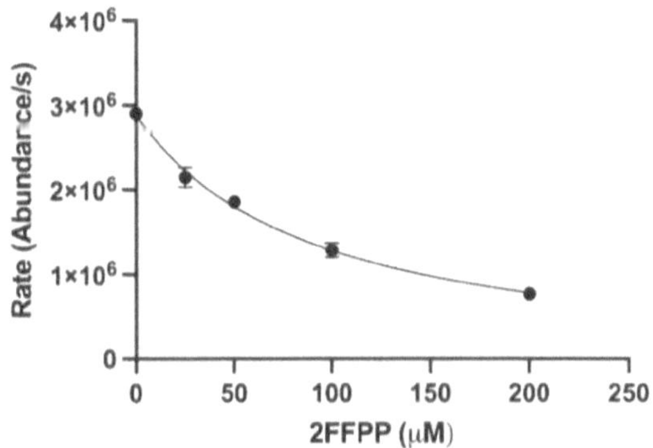

Figure 20. Inhibition of the CS reaction by 2FFPP.
Each data point was determined from initial rates measured with 1uM CS and 50uM FPP. Error bars are standard deviations determined from linear regression analysis.

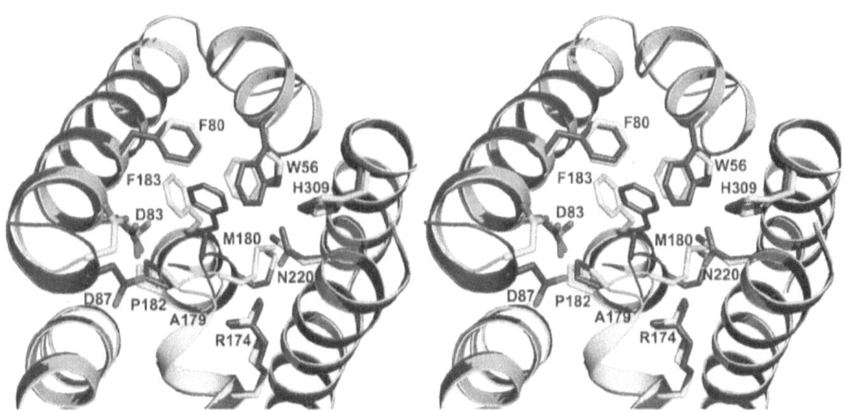

Figure 21. Superposition of active sites of apo and 2FFPP-bound CS.
apo (yellow) and 2FFPP-bound CS (purple) in stereoview showing the conformational change of amino acid side chains triggered by the binding of 2FFPP. The ligands (PEG and 2FFPP) were omitted for clarity.

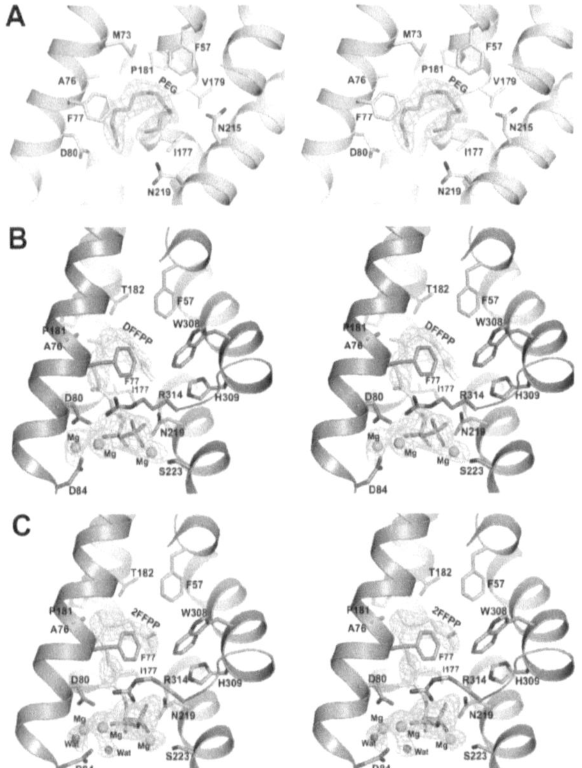

Figure 22. Ligand and cofactor electron densities for CS and PS structures.
Electron density ($F_o - F_c = 3\sigma$ cutoff colored in cyan) shown in stereoview for ligands and Mg^{2+} ions in the active site of PS F76A. (A) Electron density found in the active site of "apo" PS F76A (yellow). A PEG molecule ($H(C_2H_4O)_4OH$; molecular mass = 194) is shown modeled into the electron density (green). (B) Electron density found in the active site of PS F76A (brown) after crystals of the apo protein had been soaked with DFFPP. DFFPP (yellow) is shown modeled into the electron density. (C) Electron density found in the active site of PS F76A (green) after crystals had been soaked with 2FFPP. 2FFPP (yellow) is shown modeled into the electron density. Mg^{2+} ions in panels (B) and (C) are shown as green spheres. The orientation of PS F76A is similar in panels (B) and (C).

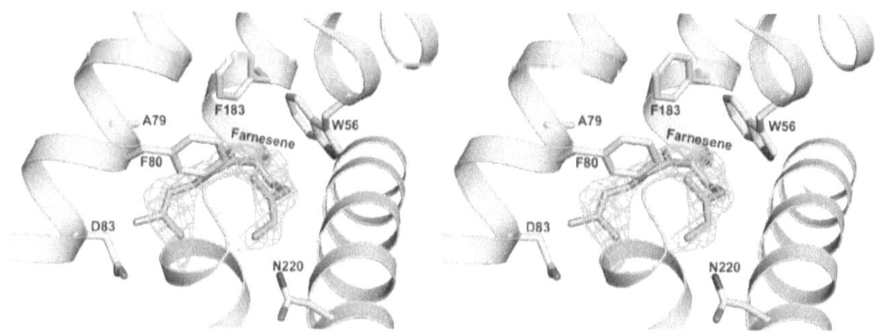

Figure 23. Active-site of CS.
Active site of CS (yellow) in stereoview showing electron density for tetraethyleneglycol (Fo – Fc = 3σ cutoff colored in cyan) modelled with a molecule of farnesene (tan).

[illegible]

[illegible] *Chemical Reviews* **90** [illegible]

[illegible] *Nat Prod Rep* **19** [illegible]

[illegible] *Nat Prod Rep* **22** [illegible]

[illegible] *Chem Rev* **117** [illegible]

[illegible] *Accounts Chem Res* **18** [illegible]

[illegible] *Top Curr Chem* **209** [illegible]

[illegible] *Biochemistry* **57** [illegible]

[illegible] *Biochemistry* **59** [illegible]

[illegible] *Science* **277** [illegible]

[illegible] *J Biol Chem* **286** [illegible]

[illegible] *Science* **277** [illegible]

[illegible] *Org Biomol Chem* **7** [illegible]

[illegible] *J Chromatogr A* **645** [illegible]

[illegible] *Biochemistry* **56** [illegible]

[illegible] *Chembiochem* **12** [illegible]

[illegible] *Anal Biochem* **335** [illegible]

[illegible] *Journal of Applied Crystallography* **43** [illegible]

[illegible] *Acta Crystallogr D Biol Crystallogr* **62** [illegible]

[illegible] *Acta Crystallogr D Struct Biol* **79** [illegible]

[illegible] *Acta Crystallographica Section A: FOUNDATIONS AND ADVANCES* **71: s19** [illegible]

[illegible]

[illegible] *Acta Crystallogr D Struct Biol* **76** [illegible]

[illegible] *Acta Crystallogr D Biol Crystallogr* **67** [illegible]

[illegible] *Acta Crystallogr D Biol Crystallogr* **64** [illegible]

[illegible] *Acta Crystallogr D Biol Crystallogr* **66** [illegible]

[illegible] *Acta Crystallogr D Biol Crystallogr* **68** [illegible]

[illegible] *Acta Crystallogr D Biol Crystallogr* **66** [illegible]

[illegible] *Acta Crystallogr D Biol Crystallogr* **66** [illegible]

[illegible] *Acta Crystallogr* **40** [illegible]

[illegible] *Gastroenterology* **73** [illegible]

ÀĚEHÌĚĦĀØĀ

AĖĠIĪĞÌĚĚIĖIĀĠËĀĞĠÎĚGĽĀIÌĚĦĚĠIHĚÉĖËĖÉĀÌĚĦHĚĞĠĖÊIĀÍIĖĠ[illegible]ĚĦĚĞĠĖÊĀIÍÈIÌĦEÌĚĀEĞEGĠĒIĀ

ĠËĀÌĚĦHĚĞĚĀÉÏÉGEIĚIĀ

AĦEĞÊĠĞĀĐL·ĀAGEÉFĽĀÅEIĠĞĀBL·ĀÆEÌĠIĽĀĈĖÉĚEĦÊĀĄL·ĀĈĚ[illegible]ÆEÌÌĚĚÏĀǺĞĠÌÌIĽĀ

ĂIEEÉĀÅL·ĀǺĦEÍIIĽĀEĞÊĀÁEĞĖĚGĀÁL·ĀBHĦĖEĞ

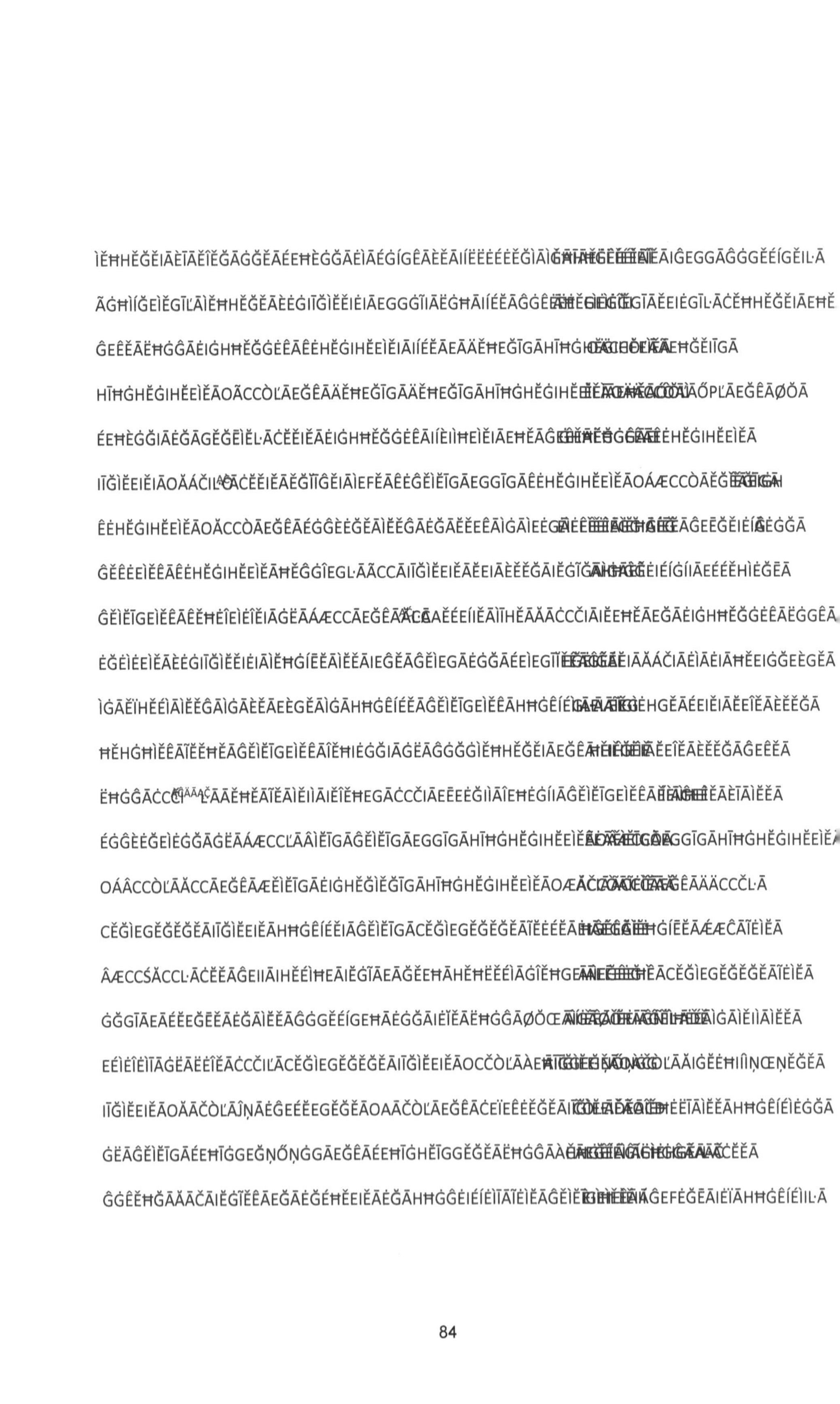

CĦĠÊÍÉÌĀIHĚÉĖĖËĖÉĀEĞÉĔIÌĦEGĀHĦĠÌĚĖĠIĀĨĚĦĚĀEGIĠĀÌĔIÌĚÊĀ[illegible]ÌĦEÌĚIĀEĞÊĀHĦĠÊÍÉĚÊĀ

HĦĠÊÍÉÌIĀIĖĜÊĖGEĦĀÌĠĀÌĚĚĖĦĀĔÏÌEĞÌĀÉĠÍĞÌĚĦHEĦÌIL·ĀÀĠĞÎĚ[illegible]ĀHĦĠĜĖIÉÍĠÍIĀEĞÉĚIÌĦEGĀ

ĊCČIĀÉĦĚEÌĚÊĀÍĞĖĤÍĚĀHĦĠÊÍÉÌĀHĦĠËĖGĚIĀÉĠĜHEĦĚÊĀÌĠĀĜĠ[illegible]ĀÏĠĦEĀIĚĠĨIĀÌĚLÌĀ

ĊCČIĀÉEĞĀIÍÉÉĚIIËÍGGĪĀÈĚĀÍIĚÊĀÌĠĀHĦĠÊÍÉĚĀĜĠÊĖĖĖĖĚÊĀÌĚĦHĚ[illegible]ĀĦĠÊÍ

Ā

Ā

Ā

Ā

Ā

Ā

Ā

Ā

Ā

Ā

Ā

Ā

Ā

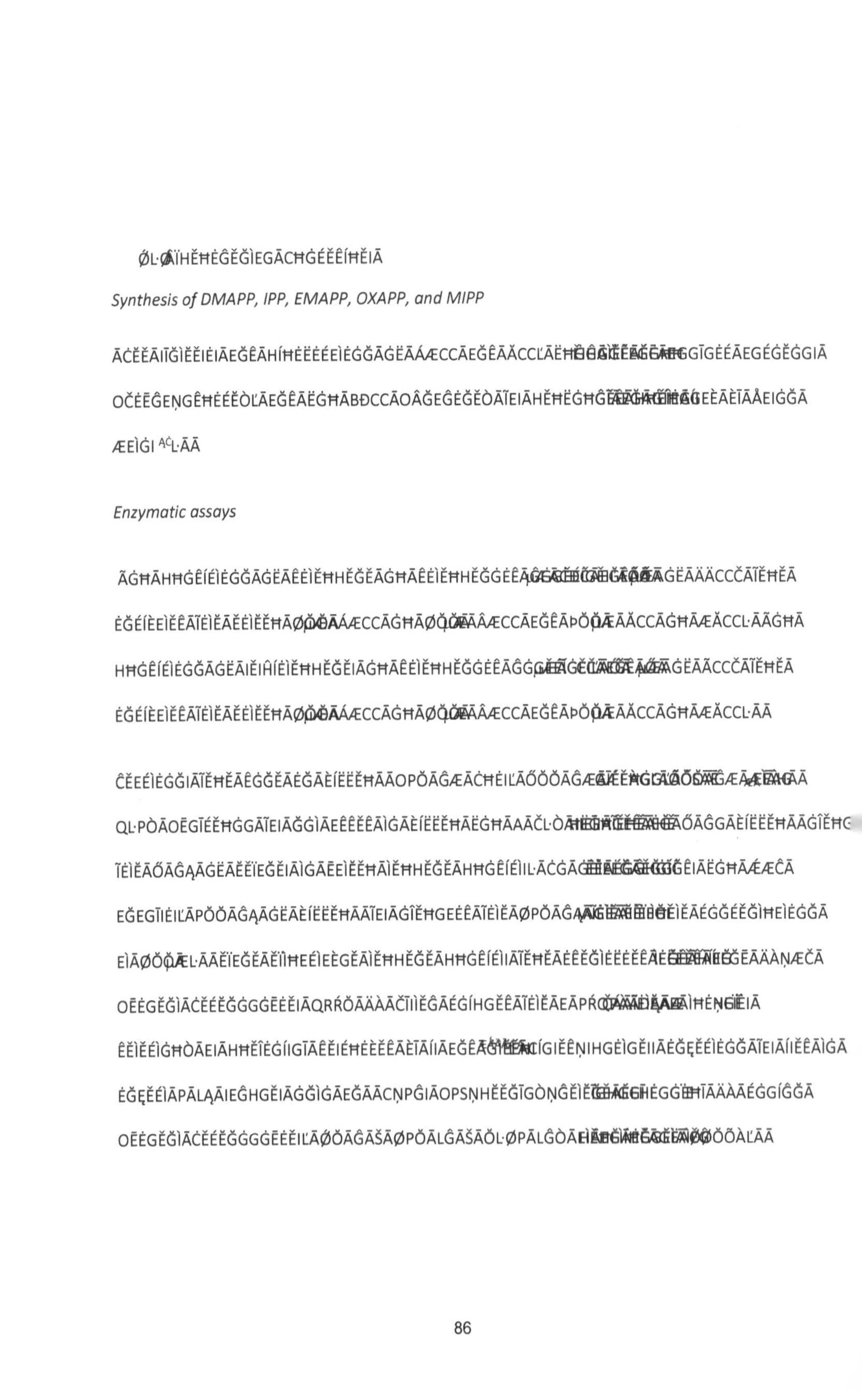

Synthesis of DMAPP, IPP, EMAPP, OXAPP, and MIPP

Enzymatic assays

Purification and NMR analysis of methyl-Taxadiene

Purification and NMR analysis of methyl-pentalenene

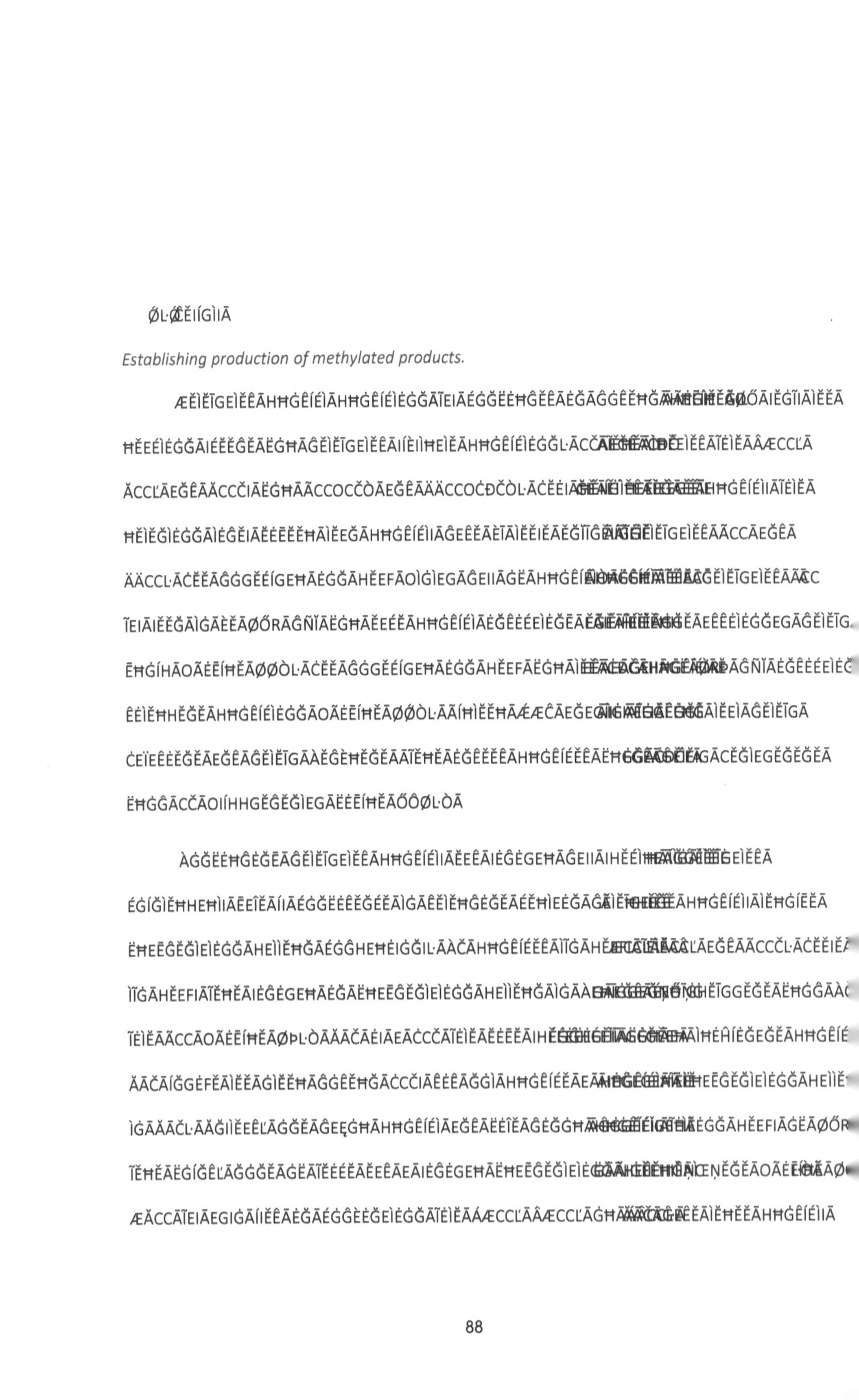

Establishing production of methylated products.

Enzyme promiscuity to expand sesquiterpenoids.

Ancestral TPSs make novel sesquiterpenoids with methylated substrates.

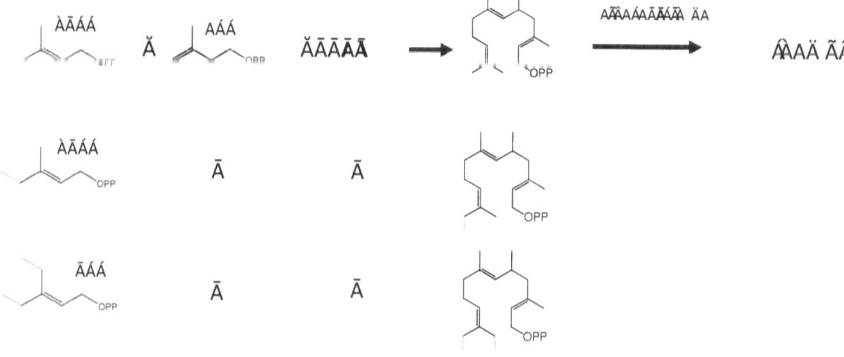

Figure 24. scheme for coupled reaction to produce novel terpene substrates and products.
Figure shows DMAPP and IPP are combined with FPPS to produce FPP. Then terpene synthases are added to test compatibility with substrate. EMAPP and DEAPP can be used instead of DMAPP to produce methylated versions of FPP.

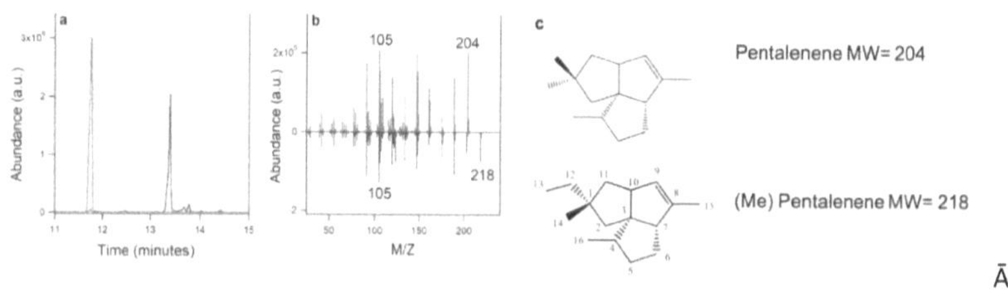

Figure 25. PS makes Methyl pentalenene with EMAPP and IPP.
(a) GC plot shows PS with overnight incubations with FPP (red) and EMAPP+IPP+FPPS (blue) in overnight reactions. (b) Mass spectral overlay shows products for PS. Pentalenene is shown in red with a parent ion mass of 204. Methylpentalenene is shown in blue with a parent ion mass of 218. (c) structures of the products are shown.

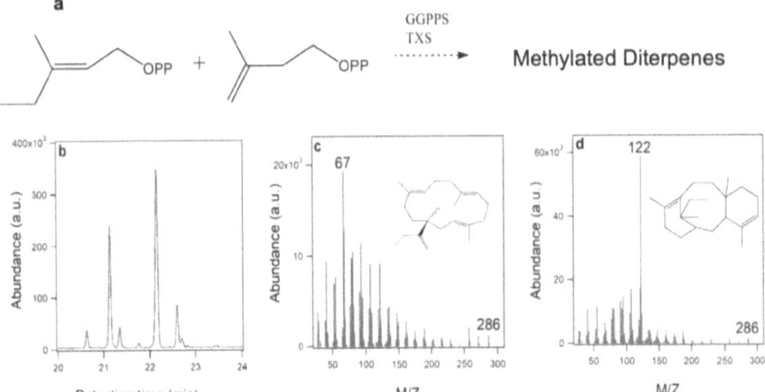

Figure 26. Taxadiene synthase makes multiple methylated products with EMAPP+ IPP and GGPPS
(A) A scheme shows how the reaction is performed, EMAPP and IPP are reacted with Taxadiene synthase and GGPPS. (b) GC plot shows multiple products. (c) Mass spectrum of peak acquired at 21.14 minutes. (d) Mass spectrum of peak acquired at 22.14 minutes.

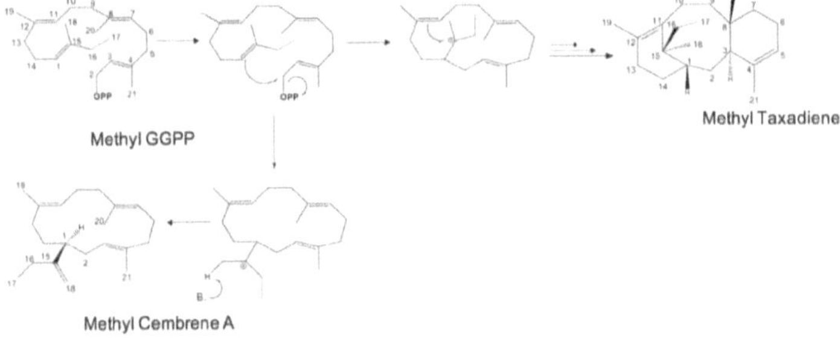

Figure 27. Reaction mechanism for novel methylated diterpenes with Taxadiene synthase.
Methyl GGPP made from EMAPP+IPP+GGPPS is shown with reaction schemes from production of products identified by GC-MS and NMR.

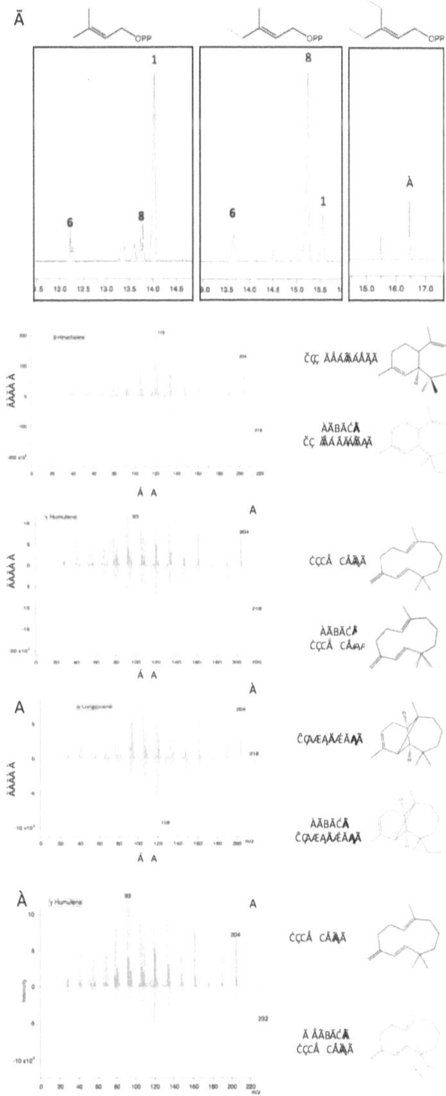

Figure 28. β-Himachalene Synthase produces multiple methylated and demethylated products.
(A) GC spectrum for BHS with FPP, methyl FPP, and dimethyl FPP. (B-E) Mass spectrum and structure of predicted molecules is shown.

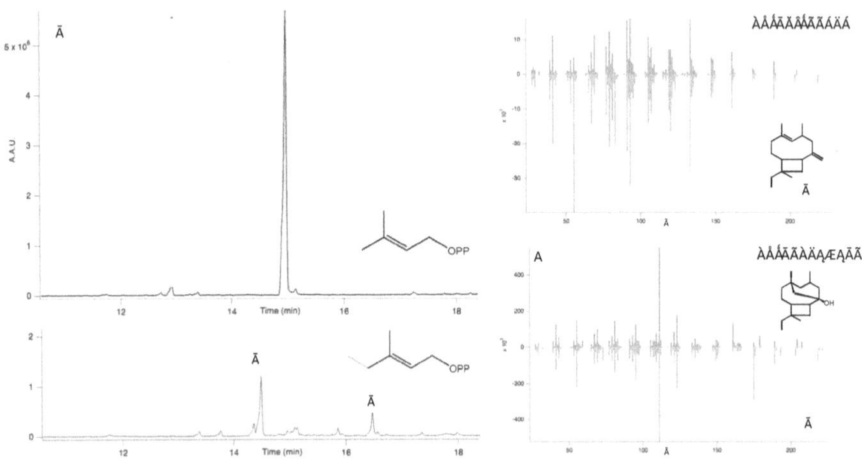

Figure 29. Caryolan-1-ol synthase makes methylated versions of caryolan-1-ol and caryophyllene.
Ā) GC of CS incubated with FPP. (B) GC of CS incubated with EMAPP+IPP+FPPS. Peaks that are similar in fragmentation pattern in A&B respectively are labeled for 10 and 11, 10.1 and 11.1. (C&D) mass spectral overlay of 10&10.1 and 11&11.1.

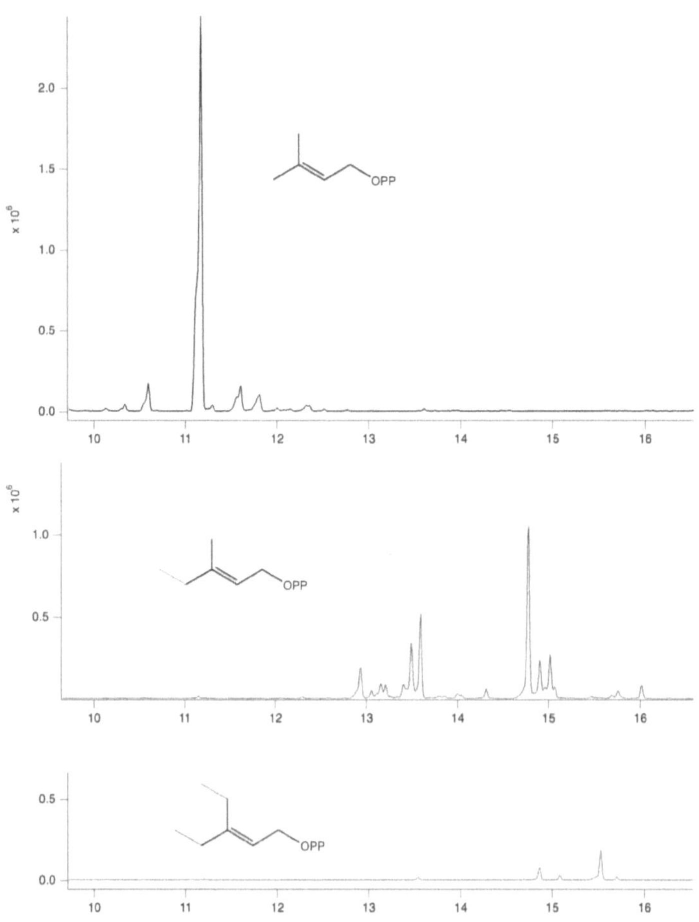

Figure 30.Ishirsut-4-ene synthase produces methylated and demethylated products with EMAPP and DEAPP.
Figure shows 3 GC spectrum with substrate used in the coupled reaction with IPP and FPPS. Substrate promiscuity increases when methylated substrate EMAPP is used.

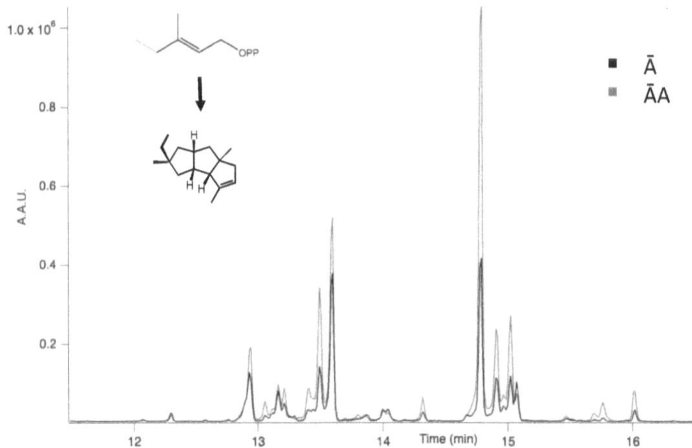

Figure 31.ancestral IH1 and IHS make similar products with methylated substrates. EMAPP+IPP+FPPS were used with IHS enzymes and overlayed to show similarity.

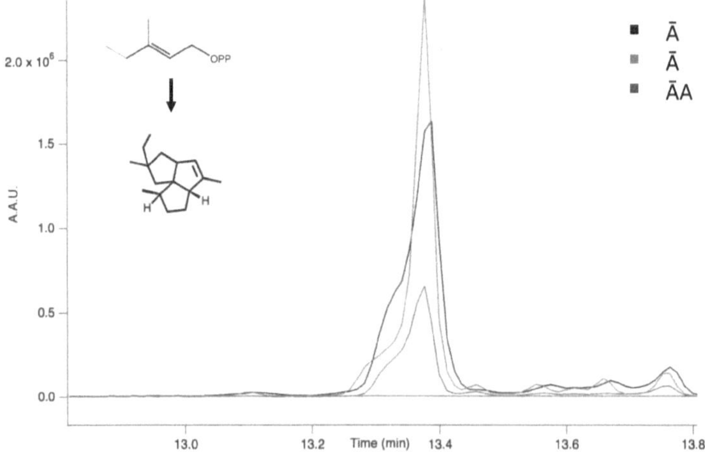

Figure 32. Ancestral PS lineage shows methylpentalenene specificity when incubated with EMAPP+IPP+FPPS. PS, P1, and P4 are shown with the same product specificity, producing methylpentalenene.

ǾL·ĿĊEÈGĚIĀ

Table 5. Quantified substrate compatibility and product total.

	ÀÄ ĀĀĄ̄ĀĀĀ	ÁÄ ĀĀĄ̄ĀĀĀ	ÀÁ ĀĀĄ̄ĀĀĀ	ÀÄ ĀĀĄ̄ĀĀ ĀĀ	ÁÄ ĀĀĄ̄ĀĀ ĀĀ	ÀÁ ĀĀĄ̄ĀĀ ĀĀ
ĀĂĀ	Æ	Æ	Ą	Ą	Ą	Ą
ĀÆ	Æ	Æ	Ć	C	Ą	Ą
ĀǼ	C	B	Ą	Ą	Ą	Ą
ĀB	Ĉ	Ą	Ą	Ą	Ą	Ą
ĀC	Æ	Æ	Ą	Ą	Ą	Ą
ĀĆ	Č	C	Æ	Æ	Æ	Ą
ÃĀĀĀ	Æ	Ĉ	Ą	B	Ą	Ą
ÃÂÆ	Æ	Ĉ	Ą	Ą	Ą	Ą
ÃÂB	C	B	Ą	Ą	Ą	Ą
AĂ	Ǽ	C	Ą	Ǽ	B	Æ
Â Ă	Ċ	Ċ	Ǽ	B	C	Ą

ǾL·ǪHHĚĞÊĖÏĀ

ČÍHHGĚĜĚĞÌEGĀËĖĒÍĦĚĀŐL·ĀǼÆĈĀÊEÌEĀËĠĦĀĜĚÌĚĪGĀÌEÏEÊĖĚĞĚĀŇĀÅEÌĚĔĚĦǼEEÌĠIÒĀ

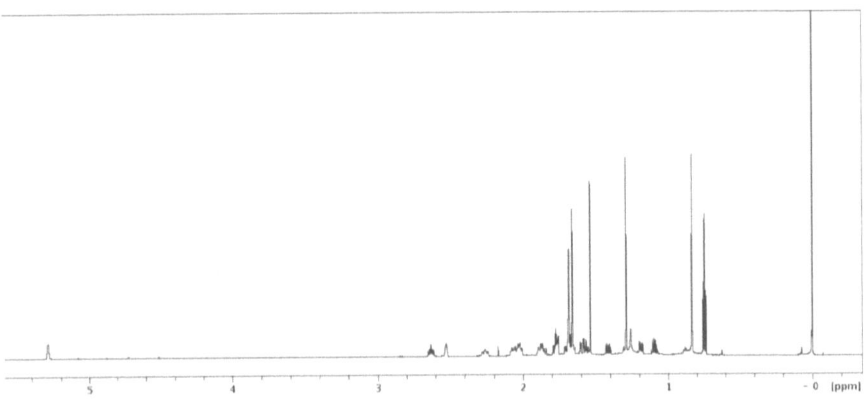

OEŐĀĀËĠĦĀĜĚÌĚĪGĀĊEÏEÊĖĚĞĚ

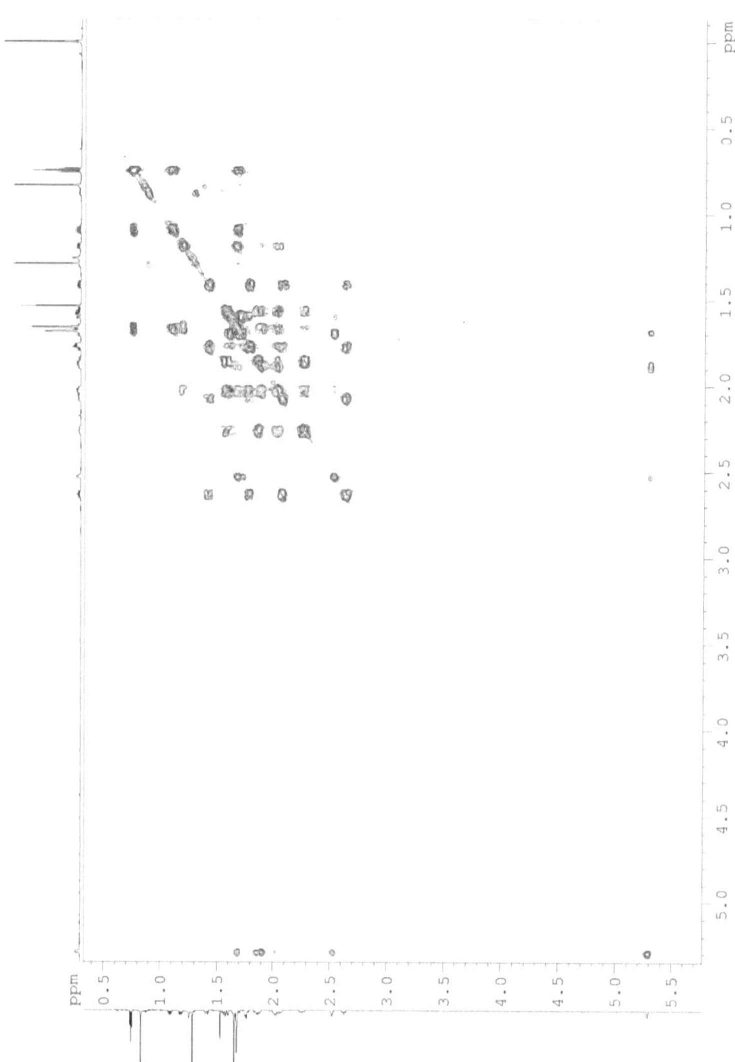

OÈǬBČĐĀËĠĦĀĜĚÌĚĪGĀĊEÏEÊĖĖĞĚ

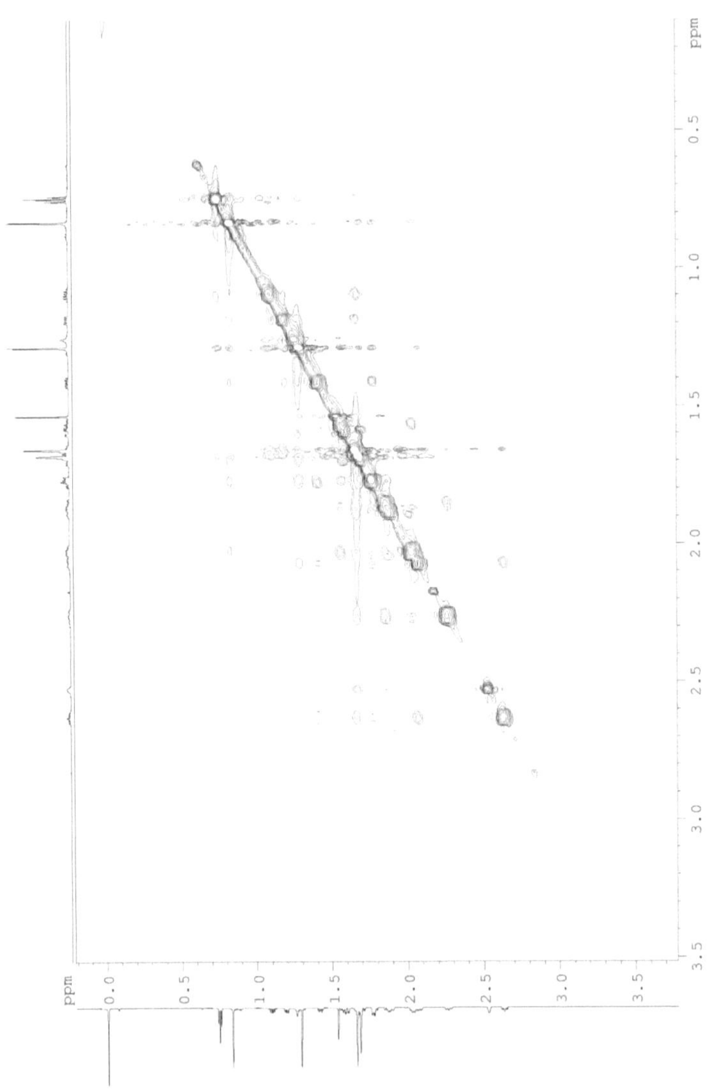

OÉǼÉBÂČĐĀËĠĦĀĜĔÌĔĪGĀĊĒÏĒÊĖĖĚĞĔ

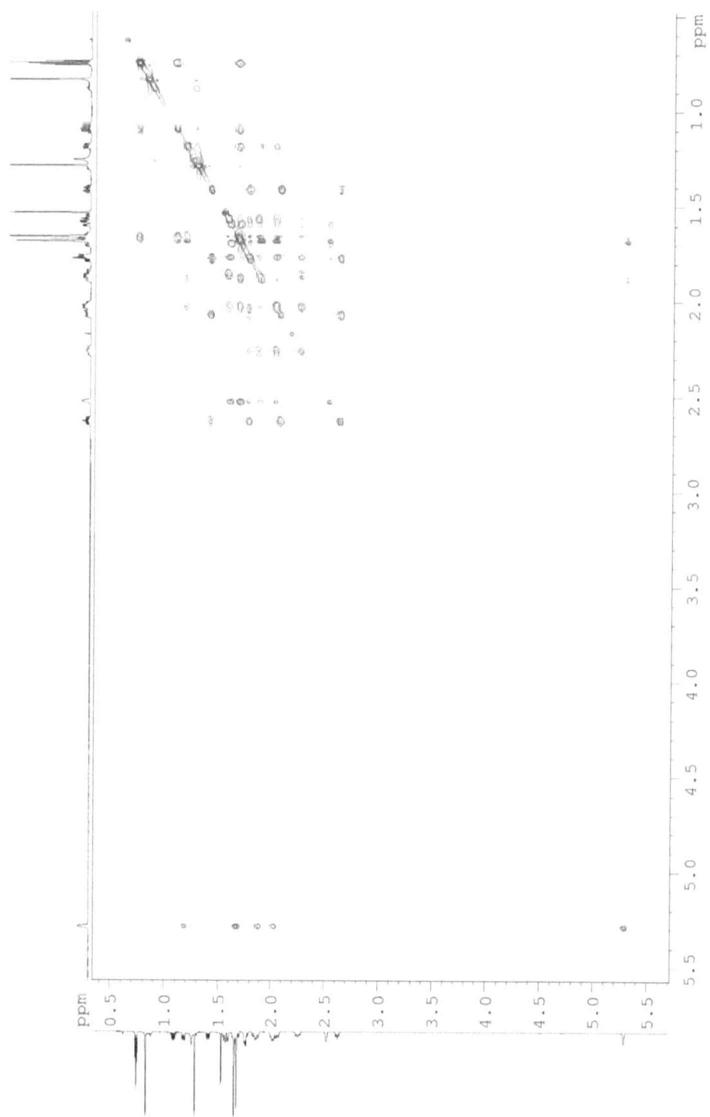

OÊŒBÀČĐĀËĠĦĀĜĚÌĚĪGĀĊEÏEÊĖĖĞĚ

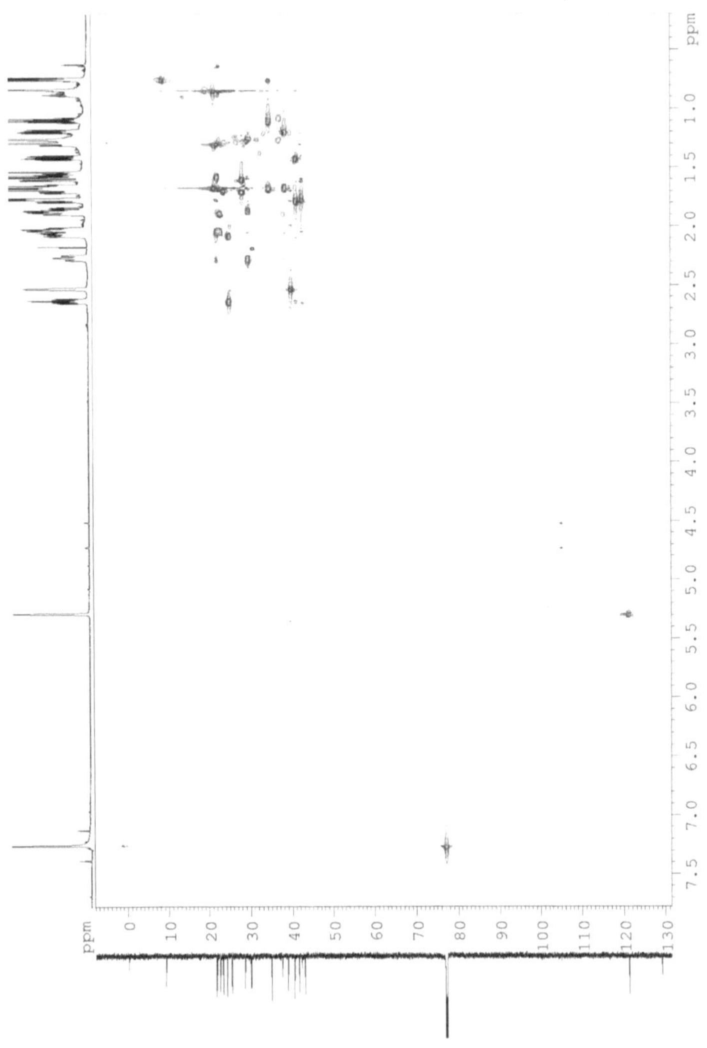

OĚǴĀČĆÀĀËĠĦĀĜĚÌĚĪGĀĊEÏEÊĖĚĞĚ

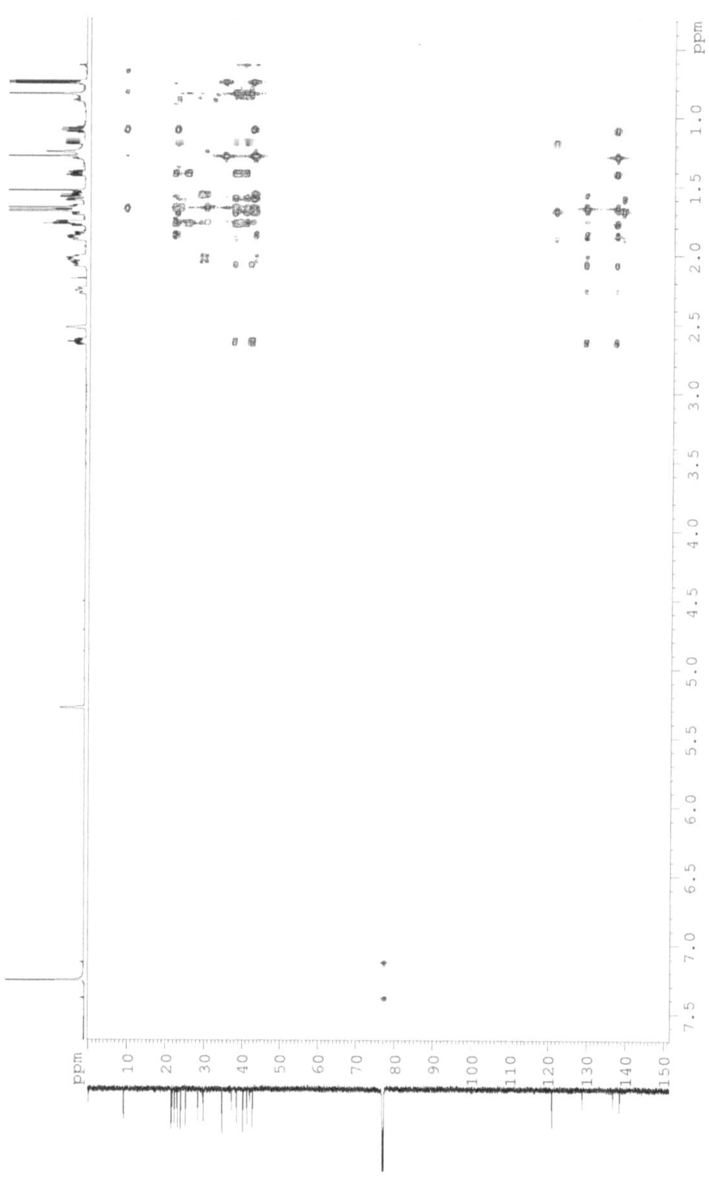

OËÕÆAÀĀËĠĦĀĜĚÌĚĪGĀĊEÏEÊĖĚĞĚ

Supplemental figure 2. ǼÆĈĀËĠĦĀĜĚÌĔĪGĀCĚĞÌEGĚĞĚĞĚĀOĒEÌĚĚĦĚÊĀÈĪĀÅEIĠĞĀÆEÌĠIÒĀ

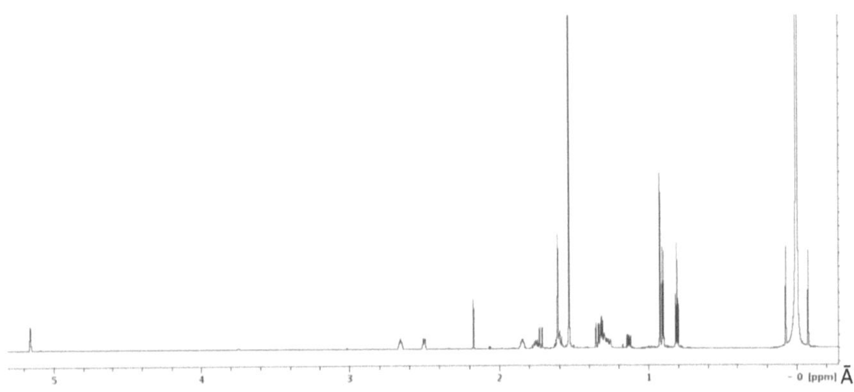

OEÒĀŐĀĀËĠĦĀĜĚÌĔĪGĀCĚĞÌEGĚĞĚĞĚĀĀ

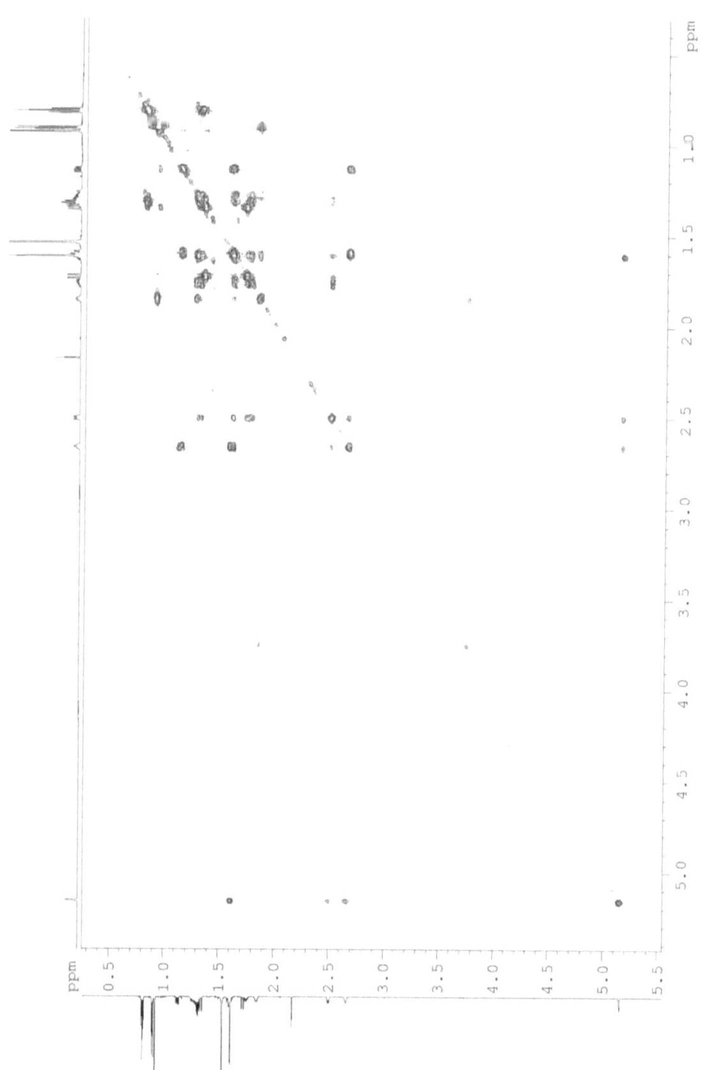

OÈǪ̏ABČĐĀËĠĦĀĜĚÌĚĪGĀCĚĞÌEGĚĞĚĞĚ

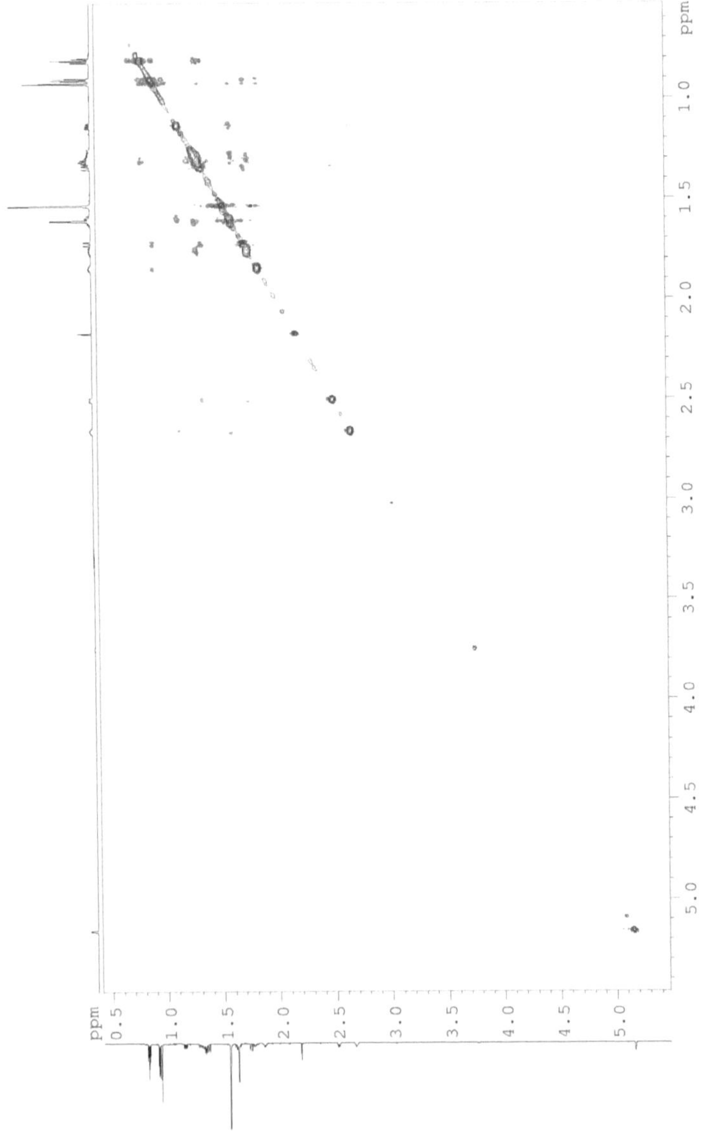

OÉǼBÂČĐĀËĠĦĀĜĚÌĚĪGĀCĚĞÌEGĚĞĚĞĚ

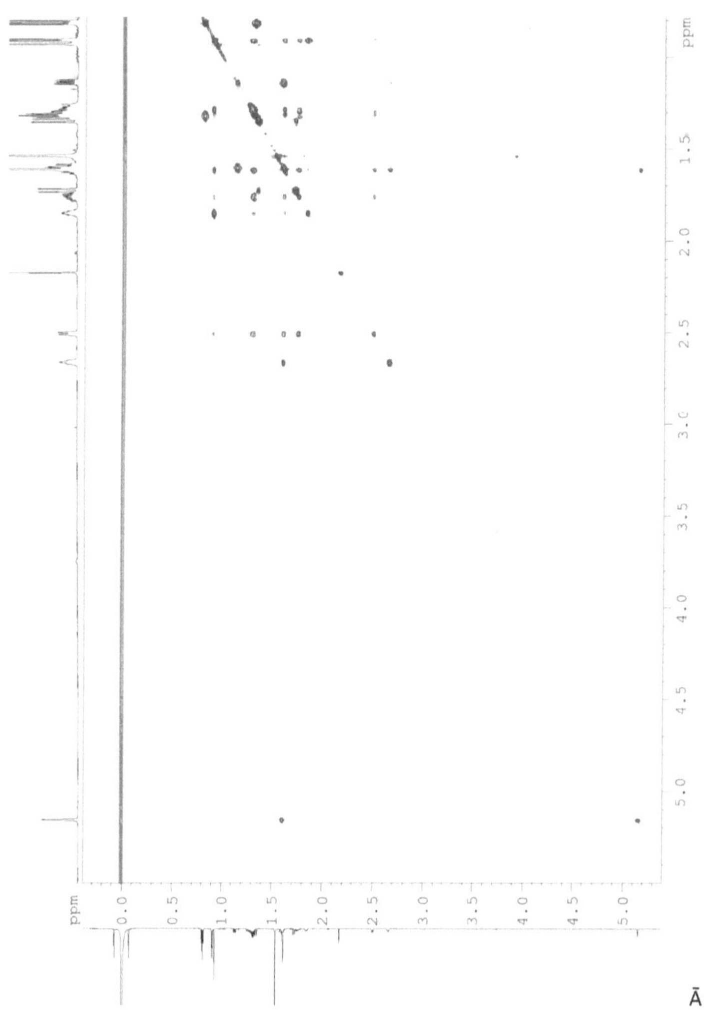

Ā

OÊÒĀĊBÀČĐĀËĠĦĀĜĚÌĚĪGĀCĚĞÌEGĚĞĚĞĚĀĀ

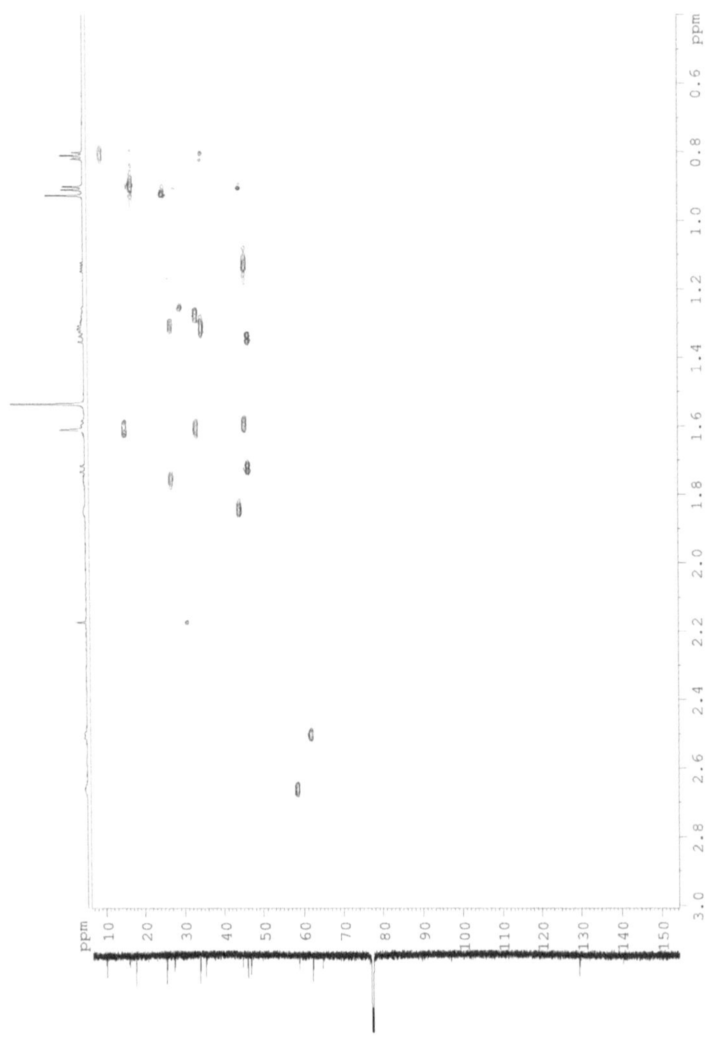

OĚĞĀČĆÀĀËĠĦĀĜĚÌĚĪGĀCĚĞÌEGĚĞĚĞĚ

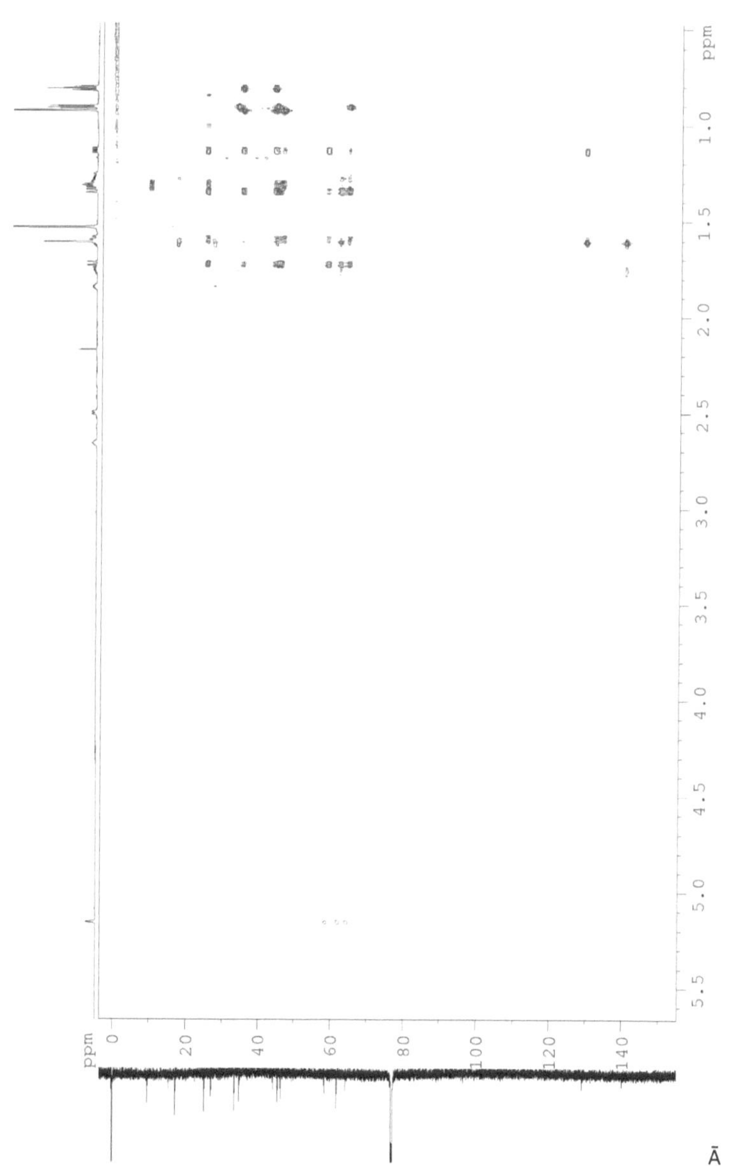

Ā

OËÒĀĀÆAÀĀËĠĦĀĜĚÌËĪGĀCĚĞÌEGĚĞĚĞĚĿ·Ā

References

[illegible] *Bioorganic & Medicinal Chemistry Letters* **25** [illegible]

[illegible] *Nature Reviews Drug Discovery* **4** [illegible]

[illegible] *Journal of Chemical Information and Modeling* **51** [illegible]

[illegible] *Proceedings of the National Academy of Sciences of the United States of America* **107** [illegible]

[illegible] *Nat Commun* **9** [illegible]

[illegible] *Science* **287** [illegible]

[illegible] *Frontiers in Chemistry* **6** [illegible]

[illegible] *Angewandte Chemie-International Edition* **47** [illegible]

[illegible] *ACS Chemical Biology* **10** [illegible]

[illegible] *Biochemistry* **56** [illegible]

[illegible] *J Exp Bot* **70** [illegible]

[illegible] *Biology.* [illegible]

[illegible] *Chemical Reviews* **117** [illegible]

[illegible] *Pharmaceuticals (Basel)* **16** [illegible]

[illegible] *Chem Rev* **117** [illegible]

[illegible] *Biochemical Journal* **113** [illegible]

[illegible] *Plant Physiology* **170** [illegible]

[illegible] *ACS Synthetic Biology* [illegible]

[illegible] *Biochemistry* **59** [illegible]

[illegible] [illegible] *Biochemistry* **56** [illegible]

[illegible] [illegible] *Journal of the American Chemical Society* **134** [illegible]

www.ingramcontent.com/pod-product-compliance
Lightning Source LLC
LaVergne TN
LVHW051552170726
843492LV00006B/2063

* 9 7 8 3 3 8 4 2 5 8 3 0 4 *